Gerhard Fasching

Zerbricht die Wirklichkeit?

Springer-Verlag Wien New York

O. Univ.-Prof. Dr. techn. habil. Gerhard Fasching
Technische Universität Wien
Wien, Österreich

Gedruckt auf säurefreiem Papier

Mit 12 Abbildungen

ISBN-13:978-3-211-82322-4 e-ISBN-13:978-3-7091-9194-1
DOI: 10.1007/978-3-7091-9194-1

Vorwort

Das vorliegende Büchlein faßt zwei Essays zusammen, die sich in ihrem Inhalt zum Teil überschneiden, in ihrer Aussage aber ergänzen. Die Essays sind dadurch unabhängig voneinander zu lesen. Das eine Essay wendet sich eher einem scheinbaren Detail zu, das andere möchte dazu anregen, den Blick auch in die Ferne zu richten. Das erste Essay spricht von der vermeintlichen Priorität der naturwissenschaftlichen *Methode* und das zweite Essay von der scheinbaren Einzigartigkeit der damit gewonnenen naturwissenschaftlichen *Sicht.* Die beiden Essays spannen einen Bogen, der von der Wirklichkeit der Naturwissenschaft und Technik bis zu Fragen der Meditation und Mystik reicht. Es tut sich dabei ein Pluralismus auf, der auch *anderen* Denkweisen Raum gibt und vor allem die naturwissenschaftliche Sicht von jener manchmal geübten und unangemessenen Aufgabe befreit, eine

„heilsabsolute Wahrheit" auf allen Gebieten verkünden zu müssen. Das ist wirklich nicht ihre Aufgabe.

Sogar die oft gehegte Vorstellung, daß das Gedachte in Naturwissenschaft, Philosophie und im Glauben komplementäre, sich ergänzende Bilder liefert, die zuletzt zu einem Gesamtbild einer Realität führen, tritt in den Hintergrund. Erfassen unsere Bilder also nichteinmal Realitäts*aspekte*? Offenbar nicht. Wir stehen somit bloß vor einer bunten Vielfalt von *unabhängigen* Denkmustern, die nicht an eine „dahinterliegende objektive Realität" gebunden sind. Stehen wir womöglich vor *fakultativen Wirklichkeiten*? Vor Wirklichkeiten, die zum Teil unserem eigenen Ermessen überlassen sind? Die Denkmuster, die wir konstruieren, bilden jedenfalls nicht eine Welt ab, wie sie unabhängig von uns besteht.

Eine solche pluralistische Denkvielfalt wird uns in Zukunft gut tun, wenn wir uns aus unseren Problemen, in die uns die Monokultur unseres linearen, selbstsicheren Denkens gebracht hat, zumindest zum Teil befreien wollen. Das Gewahrwerden der pluralistischen Denkvielfalt sollte uns aufhorchen lassen und sollte auch bewirken, daß wir unsere, im guten Glauben an den Tag gelegte, unbekümmerte Verwegenheit im technischen Umgang mit unserer Welt zurücknehmen. Naturwissenschaftliche Rückendeckung privilegiert nicht.

Das Anerkennen einer pluralistischen Denkvielfalt reduziert ganz allgemein die Arroganz, die sich aus einem vermeintlichen Wahrheitsbesitz ergibt und liefert einen Beitrag zur Toleranz gegenüber anderen Menschen, anderen Kulturen und anderem Sein.

Waldhausen im Strudengau,
im Juli 1991 Gerhard Fasching

Inhalt

Über die vermeintliche Priorität der naturwissenschaftlichen Methode

Ein Essay

Die naturwissenschaftliche Sicht, die sich als eine empirisch-wissenschaftliche Sicht auffaßt, sieht man gerne als ein großartiges Puzzle-Spiel an, ein Puzzle-Spiel, bei dem die Tatsachen aneinander gefügt zu einem Bild der „Realität“ führen. Zwar sind manche dieser Puzzle-Steine noch nicht in das Bild eingebaut, doch die Arbeit geht rasch voran: Wir nähern uns mit großen Schritten „der einen Wahrheit“ und ordnen einem solchen Wissen daher auch eine hohe Priorität zu.

Unsere nachfolgenden Überlegungen werden uns zu einer eigenartigen Modifikation dieser ersten Sicht führen: Aus dem eher geistlosen Puzzle-Spiel, das nur *einer* Lösung fähig ist, wird ein Mosaik, welches durch die Kreativität des Wissenschaftlers gestaltet, konstruiert wird. Unversehens stehen wir da aber vor *mehreren* möglichen Mosaikbildern! Auf welches werden wir uns verlassen? Grenzt ein solcher Prioritätsverlust nicht schon an Chaos und Anarchie? Warum sollten wir uns auf so etwas einlassen?[1] Davon soll im folgenden die Rede sein.

Die Puzzle-Spiel-Hypothese

Wie gesagt – es ist eine landläufige Metapher, die empirisch-wissenschaftliche Sicht als Puzzle-Spiel zu verstehen. Es ist auch nicht verwunderlich, daß man so denkt, denn viele Erkenntnis-Puzzlesteine lassen sich – wenn man es nur richtig macht – aneinanderfügen, ihre bizarr geschwungenen Berandungslinien greifen schließlich zwanglos ineinander. Das zunächst unverständliche, aufgedruckte Muster, welches wir am aufgegriffenen einzelnen Puzzlestein gesehen haben, ergibt mit dem Muster des zweiten, dritten und vierten Steines plötzlich erste Ansätze eines zusammenhängenden Sinns. Je mehr Steine wir anfügen, umso deutlicher erkennen wir, an welchem Gesamtbild wir arbeiten. Natürlich läßt sich nicht jeder erstbeste Stein, den wir aufgreifen, sofort im Bild einbauen – er kommt vielleicht erst später an die Reihe. Die Mehrzahl der Steine hat heute aber schon ihren richtigen Platz gefunden; dennoch stehen wir immer noch vor einer Unzahl von

---

[1] Anmerkungen sind ab Seite 76 zu finden.

Puzzlesteinen, von denen wir noch nicht wissen, an welcher Stelle sie endgültig einzubauen sind. Die Arbeit ist also nicht abgeschlossen und wir stehen vor einem halbfertigen Puzzle-Spiel-Bild. Wir können aber trotzdem jetzt schon das Wesentlichste erkennen; ja gerade diese vorausschauende Erwartung, wie das Bild weitergeht, hilft uns, aus der Unzahl der noch einzubauenden Steine, den richtigen zu finden. Gerne erkennt man an, daß für eine solche Aufgabe ein geschulter Blick notwendig ist. Diesen zu vermitteln, ist die Aufgabe unserer Hohen Schulen.

Unser Bild der Realität ruht auf Tatsachen

Wenden wir unser Augenmerk jetzt wieder mehr den Besonderheiten der empirisch-wissenschaftlichen Sicht zu: Man stellt sich im allgemeinen die Sache so vor, daß die „Optik des Wissens“ die Tatsachen, die ich anschaue, als Bild der Realität projiziert. Wieso kommt man zu dieser Vorstellung? Das ist offenbar recht einfach, denn es hängt ja bloß damit zusammen, daß wir es von Anfang an auf eine empirisch-wissenschaftliche Sicht abgesehen haben. Um nicht mißverstanden zu werden, sollten wir aber gleich zu Beginn sagen, was wir da meinen, wenn wir davon sprechen, daß wir um eine Sache wissen. „Um etwas wissen“, soll hier nämlich in einem etwas eingeschränkten Sinn verstanden werden. Wir wollen hier nur jene

Einsichten zulassen, die uns aus der Erfahrung entgegenkommen und wir wollen alle jene Einsichten von vornherein grundsätzlich ausschließen, die uns bloß auf dem Weg irgendwelcher geheimnisvoller Offenbarungen zuteil werden. Nur die Erfahrung möge uns als Quelle und Basis für unser Wissen über die Welt gelten. Ein solches Wissen wollen wir zur Abgrenzung gegen anderes Wissen empirisches Wissen nennen. Von einem solchen Wissen soll hier also die Rede sein, an einem solchen Realitätsaspekt sind wir hier zunächst interessiert. Wir wollen aber noch mehr. Wir sind an einer empirischen *Wissenschaft* interessiert, also an einer Sicht, die ihre Quellen in der Erfahrung hat und die einen korrekten, am besten einen logischen und in sich widerspruchsfreien Aufbau aufweist. Wir suchen also eine Sicht, die empirisch-wissenschaftlich ist. Auf unserer Fahne steht also „empirisch" und „wissenschaftlich" und auf diese beiden Zielvorstellungen wollen wir unseren Eid ablegen. Es ist selbstverständlich: Wenn wir etwas nicht auf empirische Weise erfahren können, dann können wir es auch nicht im empirischen Sinn wissen. Solche unbelegbare Einsichten werden wir also keinesfalls in unser Gebäude aufnehmen dürfen. Und zwar an keiner einzigen Stelle! Denn unser ganzes System der empirischen Wissenschaft würde abgleiten, es würde zuletzt eine Sammlung von ungewissen Alltagsweisheiten darstellen. Die empirische Wissenschaft wäre in einem solchen Fall gescheitert.

Wenn man der empirisch-wissenschaftlichen Sicht lediglich die Aufgabe zuordnet, gewisse Leitsätze für das rationale Handeln in einer engen, täglichen Praxis zu liefern, dann verschenkt man sicher etwas von der Reichweite dieser Wissenschaft. Guten Gewissens kann man das wohl nicht tun. Es ist daher verständlich, daß man vielfach mit besonderer Sorgfalt – auch wenn das manchmal fast skrupulös wirkt – nach dem Aktionsradius der empirisch-wissenschaftlichen Sicht fragt.

Wie kommt man also jetzt an ein solches empirisches Wissen heran? Das liegt eigentlich ziemlich klar auf der Hand. Denn: Erfahrungsbegriffe fungieren als Werkzeuge – Naturgesetze werden entschleiert – und wahre Erklärungen werden zumindest in einer Idealisierung angestrebt.

Das sollte man vielleicht an Hand eines Beispieles doch noch etwas ausführlicher zeigen. Das Wesentlichste sieht man schon beim freien Fall. Wie ist man bei der Analyse dieser Experimente vorgegangen? Man hat zuerst Begriffe konstruiert, wie die Zeit, die Wegstrecke, Geschwindigkeit und Beschleunigung. Dann hat man diese Begriffsgrößen am frei fallenden Körper im Experiment ausgemessen. Aus umfangreichen Versuchsreihen war schon GALILEI mit solchen Methoden bald in der Lage, das Bewegungsverhalten aller seiner frei fallenden Körper in einer einfachen Gleichung zusammenzufassen. Ausnahmslos haben alle seine Versuche und Experimente Ergebnisse geliefert, die in Übereinstimmung mit den von ihm entdeckten Fallgesetzen waren. Mit Hilfe der Begriffe kann man somit auf empirisch-wissenschaftlichem Weg aus Beobachtungen und Versuchen die der Natur zugrunde liegenden Gesetze zuletzt ablesen. Mit Hilfe der Begriffe und der entdeckten Gesetze können wir hinterher dieses Naturphänomen sogar erklären. Erklären heißt, eine Antwort auf eine Warum-Frage geben. Wenn sich also zum Beispiel jemand wundert, *warum denn* der frei fallende Körper nach 2 Sekunden Fallzeit ausgerechnet 20 Meter tief gefallen ist, dann können wir durch mathematisches Einsetzen in die betreffende Gleichung zeigen, daß diese angezweifelte Beobachtung den Fallgesetzen genügt und daß also kein Anlaß für ein Erstaunen besteht. Ja wir können sogar noch weiter gehen und voraussagen, daß der Körper im freien Fall in 4 Sekunden 80 Meter zurücklegen wird und wir können diese Voraussage im nachhinein experimentell überprüfen. Das tatsächliche Eintreffen dieser Voraussage wird man gerne als Beweis für das Gesetz gelten lassen.

Dieses Beispiel hat allein aus dem Bereich der Mechanik gestammt. Man könnte aber sehr leicht noch weitere Beispiele anführen, die zeigen, daß es neben dem mechanischen Aspekt der Wirklichkeit auch noch andere, zum Beispiel einen elektrischen und magnetischen Aspekt gibt. Mechanische, elektrische und magnetische Begriffe und Gesetze erlauben es, in Verbindung mit geeigneten experimentellen Vorrichtungen, sogar bis in den Mikrokosmos vorzudringen und die dort vorliegenden Bausteine zu analysieren und zu vermessen. Wir gewinnen auf diese Weise einen Einblick in den Aufbau der Materie und es gelingt uns, die vielfältigen Eigenschaften der Stoffe zu deuten. Aber nicht nur das. Im Rahmen unserer empirisch-wissenschaftlichen Sicht finden wir sogar auch Zugang zum Phänomen des Lebens. Dabei zeigt sich, daß das Lebendigsein auch in seinen feinsten Teilaspekten ausschließlich auf der Basis der Physik und Chemie fundiert ist.

Uns steht also deutlich das Fundament und die Reichweite der empirisch-wissenschaftlichen Sicht vor Augen: Begriffe, Gesetze, Erklärungen und Voraussagen sind die tragende Säule unseres Bauwerkes. Wir sind in der Lage, Tatsachen begrifflich-theoretisch zu erfassen und zu einer empirisch-wissenschaftlichen Sicht zu verdichten. Aber nicht nur im Bereich unserer täglichen Erfahrung, sondern bis tief in die belebte und unbelebte Materie hinein und bis an die räumlichen und zeitlichen Grenzen unseres gesamten Universums ist die empirisch-wissenschaftliche Sicht anwendbar. Wir finden dabei nirgends auch nur andeutungsweise irgend etwas, was prinzipiell jenseits des empirisch-wissenschaftlichen Zugriffes liegt. Der empirisch-wissenschaftliche Zugriff führt uns verbindliche Naturgesetze und Erklärungen vor Augen. Natürlich haben wir auch heute nur einen Aspekt der Realität entschleiert und zwar einen eingeschränkten, verengten Anblick des Gesamten. Wir sind aber davon überzeugt, daß uns die Entdeckungen der Zukunft neue Aspekte der Realität zeigen werden, die sich mehr oder minder nahtlos an die bereits aufgefundenen Aspekte der Realität anfügen lassen, wodurch dann „die eine Realität“ in immer komplettierterer Form endlich sichtbar wird.[2)]

Ist eigentlich diese Ansicht empirisch-wissenschaftlich gerechtfertigt?

Vertrauen ist gut – Kontrolle ist besser

Sehen wir doch einmal genauer die Methode an, die uns zu den wahren oder doch zumindest wahrscheinlich wahren Gesetzen führen soll. Wir werden ja nur einem wirklich verläßlichen Verfahren unser Vertrauen schenken. In der sogenannten Induktion[3)] sieht man gerne eine derartige verläßliche Vorgangsweise.

Man versteht unter Induktion die wissenschaftliche Methode, die vom Einzelnen und Besonderen auf das Allgemeine und Gesetzmäßige schließt. Für den Induktivismus in naiver Form beginnt die Wissenschaft mit der Beobachtung, die es gestattet, Aussagen zu machen, die sich durch Augenschein unmittelbar als wahr herausstellen und von jedermann in der gleichen Weise überprüft werden können. Aus dem Basisschatz solcher Beobachtungsaussagen werden durch ein besonderes, sorgfältiges, nach allen Seiten absicherndes Verfahren die Gesetze und Theorien extrahiert.

Im Zentrum dieses Extraktionsverfahrens steht dabei das sogenannte Induktionsprinzip. Man könnte es etwa folgendermaßen formulieren:
„Wenn sehr viele Beobachtungsaussagen unter einer großen Vielfalt von Bedingungen immer und ohne Ausnahme gezeigt haben, daß jeder untersuchte Einzelfall eines Kollektivs diese oder jene Eigenschaft hat, dann haben alle Einzelfälle des Kollektivs diese betreffende Eigenschaft."
Nur wenn man dieses Induktionsprinzip streng einhält, dann kann man die Beobachtungsaussagen verallgemeinern.

Warum eigentlich?

Die Gültigkeit des Induktionsprinzips – so wird man sagen – kann man direkt aus der Erfahrung ablesen. Eine große Zahl sehr sorgfältig überprüfter Beispiele ist doch bekannt, wo man aus empirischen Befunden durch induktive Schlüsse Gesetze abgeleitet hat, die sich in allen Fällen als zutreffend herausgestellt haben. Diese fast unzähligen Beispiele der erfolgreichen Anwendung des Induktionsprinzips sind doch der Beweis für die Gültigkeit dieses Prinzips. Diese Überlegung hat aber einen Schönheitsfehler, denn der obige Beweisversuch möchte mit Hilfe *des Induktionsprinzips* zeigen, daß eben *dieses Induktionsprinzip* gültig ist: Es war im Fall a gültig, es war im Fall b gültig, also ist es immer gültig. So etwas ist natürlich nicht möglich.

Induktives Schließen kann also durch das Induktionsprinzip nicht gerechtfertigt werden. Beispiele für Mißerfolge des Induktionsprinzips könnte man in großer Zahl anführen, wie etwa die ursprüngliche, sogar jahrhundertelang bewährte, wohlbegründete und abgesicherte Überzeugung der Bewohner Afrikas, daß alle Menschen schwarz sind.

Jetzt sind wir aber in eine recht unangenehme Situation hineingeschlittert: Einerseits – so haben wir gemeint – baut die empirische Wissenschaft auf einem Induktionsprinzip auf. Anderseits läßt sich dieses Induktionsprinzip nicht rational fundieren. Also entbehrt die empirische Wissenschaft der rationalen Basis; sie läßt sich offenbar nicht rational rechtfertigen. Eine solche Situation ist natürlich katastrophal und gefährdet von der Basis her die gesamte empirisch-wissenschaftliche Sicht. Wir sind offenbar gezwungen, das Induktionsprinzip als Grundlage der empirischen Wissenschaft aufzugeben. Wir müssen uns nach einer anderen Methode umsehen.

Sir KARL POPPER verdanken wir eine andere Sicht, sodaß wir uns aus der hypnotischen Starre befreien können. Wie alle wirklich genialen Gedanken zeichnet sich die angebotene Alternative, zumindest was ihr Prinzip betrifft, durch besondere Einfachheit aus. Die Auffassung, wonach man mit Hilfe eines Induktionsprinzips objektiv bewiesene Gesetze auffinden kann, ist für uns mehr als fragwürdig geworden, weil man aus einzelnen Beobachtungsaussagen niemals einen solchen allgemeingültigenen Satz verifizieren, also als wahr *erweisen* kann. Und da stehen wir plötzlich vor einer bemerkenswerten Asymmetrie: Aus noch so vielen Beobachtungsaussagen kann man zwar nie einen allgemeingültigen Satz „verifizieren“ – durch eine einzige Beobachtungsaussage kann dagegen der betreffende allgemeine Satz „falsifiziert“, also widerlegt werden. Es klingt natürlich fürs erste sehr aufreizend, wenn man sagt: Theorien und Gesetze erweisen sich nie als wahr, sondern höchstens nur als falsch. Solange wir die Gesetze also mit einer gewissen Berechtigung verwenden, wissen wir nicht, ob sie tatsächlich wahr sind und sobald sich wirklich etwas Definitives über sie herausstellt, sind sie falsch und wir dürfen sie nicht mehr gebrauchen. „Eine Hypothese als falsch erwiesen zu haben, ist der Höhepunkt des Wissens“ sagt pointiert WARREN Mc CULLOCH.

Die Grundlage der empirisch-wissenschaftlichen Sicht ist also das Widerlegungsverfahren und nicht, wie wir vorhin gemeint haben, ein Beweisverfahren. Stellt uns das aber nicht jetzt vor eine andere Frage: Wenn sich also Gesetze und Theorien nicht als wahr erweisen können, können sie sich dann wenigstens verläßlich als falsch erweisen? Oder gibt es womöglich auch Grenzen der Falsifizierbarkeit? Eine Analyse zeigt, daß die Sache gut geht, solange Theorien wirklich nichts anderes als einfach strukturierte allgemeine Sätze sind. Theorien sind aber in vielen Fällen ganz erheblich mehr als bloß einfach strukturierte Sätze. Eine Theorie ist im allgemeinen ein überaus komplexes Gebilde, in dem allgemeine Aussagen, Hilfshypothesen und Randbedingungen zusammenspielen. Somit ist die experimentelle Überprüfung einer Theorie gleichfalls wieder als komplexe Testsituation zu sehen, wo verschiedene Anfangsbedingungen und Zusatztheorien hereinspielen. Das heißt, wenn die Überprüfung einer solchen Theorie ein falsifizierendes Ergebnis liefert, dann kann man offenbar nur den gesamten Theorie-und-Test-Komplex als falsifiziert betrachten. Und diese Situation bringt es mit sich, daß man immer wieder viele Gründe aufzuzählen in der Lage ist, warum eine falsifizierte Theorie nach Ansicht ihrer Anhänger doch noch richtig sein wird.

Haben womöglich Begriffe, Theorien und Erklärungen eine andere Struktur, als wir zu Beginn angenommen haben?

Konstruiert unser Wissen bloß ein oder mehrere relative Denkmuster?

Ich glaube, wir sind etwas vorsichtiger geworden. Wir sagen nicht mehr ganz so unbeschwert wie vorher, daß wir der Realität, oder zumindest ihrem weitgehend verläßlichen Bild im Wissen habhaft werden können. Wir fragen uns vielmehr: Was wird uns da eigentlich mit Hilfe der empirisch-wissenschaftlichen Methode „entgegengeworfen"? Wie kommt es überhaupt zum empirisch-wissenschaftlichen „Gegenwurf"? Im großen gesehen, sind wir uns darüber klar geworden, wie unsere Werkzeuge aussehen: Es sind das die Begriffe, Theorien und Erklärungen. Sehen sie im Detail aber wirklich so aus, wie wir zu Beginn unserer Überlegungen vermutet haben? Ich darf das Ergebnis vorwegnehmen: Wir werden unsere Auffassung wandeln. Im folgenden wollen wir in geraffter Darstellung 1. von der Begriffspyramide, 2. von Theorienetzen und 3. von Erklärungen sprechen und diese Überlegungen 4. im Denkmuster des Gegenwurfes zusammenfließen lassen.

1. Begriffspyramide. Was nehmen wir uns vor und was ist unser Ziel? Wenn wir Einsichten anstreben, die uns in möglichst eindeutiger Weise aus der Erfahrung entgegenkommen, so möchten wir

a) per Konvention Begriffe bilden und mit ihnen
b) empirische Befunde machen.

Wir planen also, in autonomer und unabhängiger Weise einen Begriffsraster zu etablieren und dann auf empirische Weise zu prüfen, an welcher Stelle im Begriffsraster ein gewisses vorliegendes empirisches Objekt oder

Phänomen einzuordnen ist.

Wo ist eigentlich die Basis, auf der der geplante Begriffsbau aufsetzt? Die Basis ist die sogenannte Anschauung. Wir meinen damit eine möglichst allgemeine, breite und unverengte Form des Gewahrwerdens und Innewerdens. Auf diese Breite wollen wir Wert legen, damit nicht von vornherein irgendwelche Bereiche ausgeschlossen werden, die wir später womöglich vermissen. Wir meinen unter Anschauung also gewissermaßen ein wahrnehmungshaftes Gewahrwerden, ein empirisches, nichtbegriffliches Erfassen von Wirklichkeiten, aber auch ein „nicht an die Sinne gebundenes" Innewerden. Man kann beim Letzteren zum Beispiel an logische oder mathematische Wirklichkeiten denken, aber auch ein Innewerden ästhetischer Werte u.ä. meinen. Wir werden uns hier aber zunächst hüten, durch genauere Angaben die Art, wie die Anschauung gewonnen wird, exakt festzulegen, weil damit gleichzeitig ein Vorurteil zugunsten eines bestimmten, erst später konstruierbaren Denkmusters verbunden wäre. Ein solches Vorurteil wäre ein methodischer Fehler. Es wäre also ein Fehler, Anschauungselemente voreilig z.B. als physiologisch-chemische „Sinneseindrücke" aufzufassen, bevor noch Physiologie und Chemie als Denkmuster zur Verfügung stehen – doch davon später.

In der empirischen Wissenschaft steht uns ein ganzes Begriffsinstrumentarium zur Verfügung. Es gibt relativ einfach gebaute Begriffe, es gibt aber auch hochspezialisierte Sonderbegriffe, die uns schärfere Informationen vermitteln, ja es gibt auch Begriffe, die sogar den „Wesensinhalt" eines Phänomens erfassen sollen.

Man gliedert kurz gesagt die Begriffe in klassifikatorische, komparative, quantitative Begriffe und Größenbegriffe. Die klassifikatorischen Begriffe sind die einfachsten, die Größenbegriffe sind die informativsten Begriffe. Die Begriffe bauen aufeinander auf und bilden in ihrer Gesamtheit eine ganze Begriffspyramide. Jede Begriffsform beruht dabei auf exakt vorgegebenen Begriffsbildungsmethoden und ihre Gültigkeit ist von einer ganzen Reihe von Bedingungen, Forderungen und Postulaten abhängig. Und wenn man jetzt an die Begriffsbildung tatsächlich herangeht, dann muß man auf einmal feststellen, daß das Einfließen von Hypothesen, Annahmen und Theorien unvermeidlich ist. Insbesondere zeigt sich auch, daß in jede Form empirischer Erfahrung statistische Überlegungen eingehen. Unsere ursprüngliche Wunschvorstellung, Begriffe autonom und unabhängig konstruieren zu können, geht also nicht in Erfüllung. Das ist aber sehr eigenartig und das sollte uns stutzig und hellhörig machen. Denn es kündigt sich hier bereits etwas an, was uns in noch verstärktem Maß in Schwierigkeiten verstricken wird. Schwierigkeiten, die unsere ursprüngliche Auffassung – der Realität in einem mehr oder minder verläßlichen Bild zumindest partiell und aspektweise habhaft zu werden – verdächtig erscheinen läßt.

2. Theorienetze. Unsere erste Ansicht zur Frage, was man denn unter Theorien verstehen soll, ist schon mit dem Auftreten des Falsifikationismus nicht unerheblich erschüttert worden. Das Induktionsprinzip, welches wir als Rezept zum Auffinden von Gesetzen und Theorien aufgefaßt haben, hat sich als unzuverlässig gezeigt. Gesetze und Theorien erweisen sich nicht als wahr oder als wahrscheinlich wahr, sie erweisen sich höchstens als falsch und nicht einmal das ist sicher. Was soll man in einer solchen Situation von Gesetzen und Theorien halten; was sind das eigentlich für Gebilde, die ein derart schillerndes Äußeres haben? Offenbar sind sie in ihrer Struktur ganz anders, als wir zuerst vermutet haben.

In den letzten Jahren sind die Vorstellungen darüber, was eine Theorie eigentlich ist, in Bewegung gekommen. In einer knappen Skizze sei umrissen, wie in unserem Zusammenhang Theorien gesehen werden. Es wird zunächst von Theorie-Elementen, den einfachsten Gebilden und es wird dann von ganzen Theorienetzen gesprochen. An Hand solcher Theorienetze soll vom Gang der „normalen Wissenschaft“ und von „wissenschaftlichen Revolutionen“ die Rede sein, bis wir zuletzt vor Theorie-Gabelungen stehen.

Das einfachste Gebilde – das Theorie-Element – wird, vereinfacht gesagt, durch vier verschiedene Mengen und fünftens durch eine empirische Aussage charakterisiert (Abbildung 1):
1. Durch die Menge der Modelle M: Sie faßt alle jene Modelle und alle gesetzlichen Bedingungen (zum Beispiel in Form mathematischer Strukturen) zusammen, die den Apparat der Theorie verkörpern.
2. Durch die Menge der möglichen Modelle M_m: Diese Menge umfaßt alle jene Gegebenheiten, die im Prinzip die gleiche allgemeine Struktur wie die Modelle haben und die sich auch durch solche Begriffe beschreiben lassen, wie es die Theorie verlangt, es ist aber noch nicht geklärt, ob bei diesen unzähligen Fällen

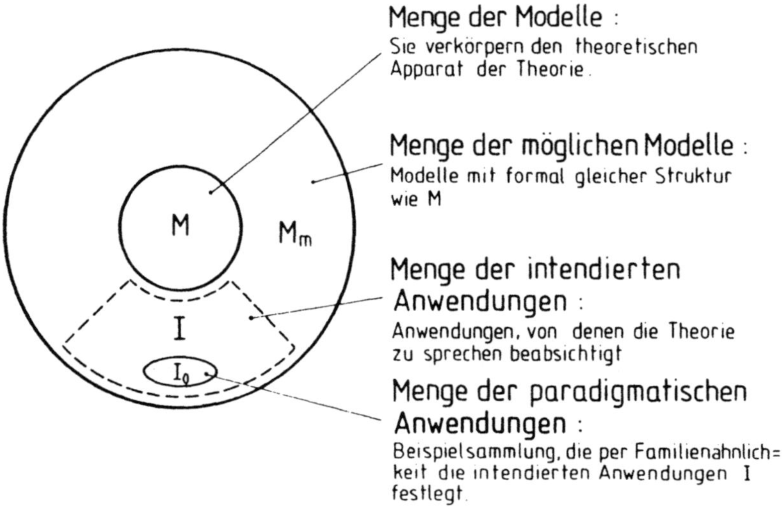

Abbildung 1

die gesetzlichen Bedingungen des Formelgerüstes, wie sie der Apparat der Theorie (gegebenenfalls erstmalig) verkörpert, auch wirklich erfüllt sind.[4] Die Menge der möglichen Modelle ist sozusagen das Resultat einer formalen Vor-Auslese und klärt die Frage ab, für welche empirische Strukturen überhaupt eine Chance dafür besteht, daß eine Koinzidenz zwischen Phänomenen und Theorie eintreten könnte.

3. Durch die Menge der intendierten Anwendungen I: Diese Menge umfaßt jenen Bereich von Anwendungen, von denen die Theorie zu sprechen beabsichtigt. Es ist selbstverständlich, daß die intendierten Anwendungen ein Teil der möglichen Modelle sind.

4. Durch die Menge der paradigmatischen Anwendun-

gen I_0: Die paradigmatischen Anwendungen haben die Aufgabe, die Menge der intendierten Anwendungen zu umreißen. Alles was zu den paradigmatischen Anwendungen eine gewisse „Familienähnlichkeit" hat, gilt als intendierte Anwendung. Die Menge der paradigmatischen Anwendungen I_0 ist etwa in den Lehrbüchern zu finden und zwar in den dort durchbesprochenen praktischen Anwendungen der Theorie, sowie in den selbst zu erarbeitenden Übungsbeispielen. Mit diesem Rüstzeug ist man später in der Lage, den theoretischen Apparat der Theorie mehr oder minder erfolgreich anzuwenden.
5. Die empirische Aussage schließlich, die unser Theorie-Element charakterisiert, lautet: „Jedes mögliche Modell M_m, welches zu den intendierten Anwendungen I unserer Theorie gehört, ist ein Modell der Theorie." Paradigmatische Anwendungen (I_0) geben uns also mehr oder minder verläßliche Hinweise, von welchen Anwendungen (I) die Theorie, deren theoretischer Apparat durch Modelle M verkörpert wird, zu sprechen beabsichtigt.

Lassen Sie mich das oben Gesagte anhand eines ganz einfachen Beispiels illustrativ beleuchten. Jeder kennt die archimedische Statik – sie sagt zum Beispiel aus, unter welchen Bedingungen eine Kinderschaukel im Gleichgewicht ist. Zwei Kinder legen ein dickes Holzbrett auf einen umgestürzten Baumstamm, setzen sich vis-à-vis auf das Brett und rutschen solange herum, bis sie in Schwebe sind. Hierbei spielen die Abstände vom Drehpunkt und die Körpergewichte der Kinder eine Rolle; die Dicken müssen immer weiter innen sitzen. Die Theorie der archimedischen Statik bezieht sich auf einen solchen drehbar gelagerten Balken, an dem Gewichtskräfte angreifen und formelmäßig sagt die Theorie aus, daß „Kraft mal Kraftarm gleich Last mal Lastarm“ ist. Dies ist der theoretische Apparat der Theorie und verkörpert die unter Punkt 1 genannten Modelle M. Es ist klar, daß es unzählig viele Gegebenheiten des Alltags gibt, die im Prinzip aus drehbar gelagerten Balken bestehen, an denen Kräfte angreifen und die sich im Gleichgewicht - in Schwebe - befinden. Neben der Kinderschaukel wäre zum Beispiel eine aus Bronze gefertigte Apotheker-Balkenwaage zu nennen, weiters eine Laufgewichtwaage, bei der die Last, die am kurzen Hebelsarm hängt, durch ein am langen Hebelsarm verschiebbares Gewicht austariert wird. Ein Differentialflaschenzug, auf dem sich zwei Lasten im Gleichgewicht befinden und auch der Anker eines Relais gehören hier her. Oder eine kleine, zart gebaute Balkenwaage, die man aus Festigkeitsüberlegungen aus Stahl hergestellt hat. Viele Beispiele könnte man nennen bis hin zum Akrobaten, der am Seil balanciert, oder bis hin zu antiken Waagen, die etwa ein Archäologe aufgefunden hat. Diese Menge ist die Menge der unter Punkt 2 genannten Menge der möglichen Modelle M_m. Notwendigerweise wird der Erfinder der Theorie aber durch paradigmatische Anwendungen I_0 (Punkt 4) umreißen, von welchen der genannten möglichen Modelle M_m die Theorie zu sprechen beabsichtigt, also welche Anwendungen intendierte Anwendungen I (Punkt 3) sind. Es könnte ja sein, daß das eine oder andere Beispiel durch die Theorie *nicht* erfaßt wird und daher als Anwendungsfall für die Theorie ausscheidet. Beispielsweise zählt die aus Stahl hergestellte Balkenwaage unter Umständen *nicht* zu den intendierten Anwendungen; es kann nämlich sein, daß diese Waage zufolge Aufmagnetisierung der Stahlteile „falsch geht“ und somit nicht den mathematischen Beziehungen der archimedischen Statik genügt. Auch rostige und korrodierte Waagen, die ein Archäologe aufgefunden haben mag, sind wahrscheinlich auszuschließen. Geeignete paradigmatische Anwendungen I_0 sind also aufzustellen, damit die intendierten Anwendungen I möglichst genau umrissen werden und von den restlichen möglichen Modellen M_m, die *nur fürs erste* so aussehen, als wären sie ein Fall für die Theorie, unterscheidbar sind. Man wird also schon bei den einfachsten Theorie-Elementen den eigentlichen theoretischen Apparat und die gemeinten Anwendungsfälle sehr sorgsam bestimmen.[5)]

Umfangreiche Theorien stellen sich aber komplexer dar, als wir in unserem Bild bisher zeigen konnten; wir werden unsere Vorstellung zu erweitern haben. Wir wollen nämlich auch die Weiterentwicklungen eines fruchtbaren theoretischen Gedankens aufzeigen können. Wir wollen festhalten können, daß sich aus einer zentralen theoretischen Grundvorstellung (dem Baselement T_b) neue Theorie-Elemente entwickeln können. Nicht nur das. Es können neuerdings entdeckte Theorie-Elemente auch auf unterschiedlichen Wegen aufgefunden werden. Unsere Struktur wird also netzartig verwoben und vermascht zu denken sein. Die Abbildung 2 zeigt diesen Entwicklungsprozeß in mehreren Teilschritten. Von einem Basiselement T_b ausgehend führen Spezialisierungen und Erweiterungen auf wichtige, sekundär gebildete Theorie-Elemente. In jedem Einzelbild stellen die Kreise die Theorie-Elemente dar;

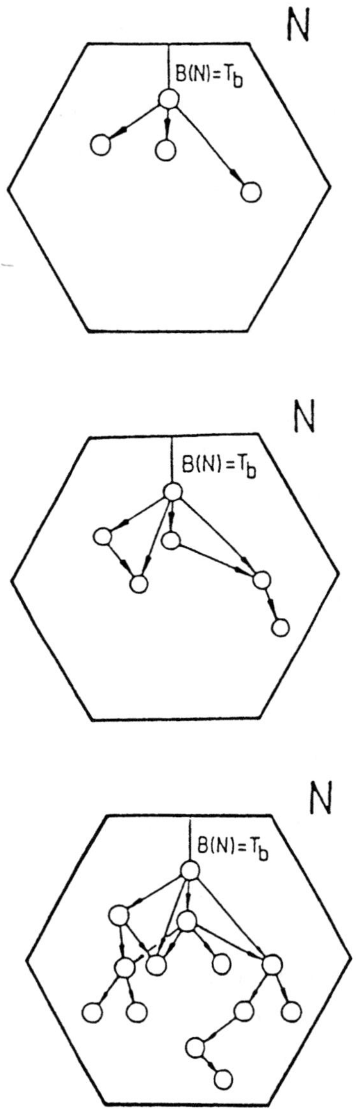

Abbildung 2

die zugehörige Feinstruktur (M, M_m, I, I_0) ist aber aus Maßstabsgründen hier nicht mehr eingezeichnet. Die Abbildung zeigt drei Momentaufnahmen der historischen Entwicklung unseres Theorienetzes. Dieser Wandel darf uns aber nicht vergessen lassen, daß dem ganzen Theorienetz ein fester unveränderlicher Ausgangspunkt, nämlich das Basiselement T_b, als Fundament zugrunde liegt. Es verhilft dem Theorienetz N zur eigenen Identität.

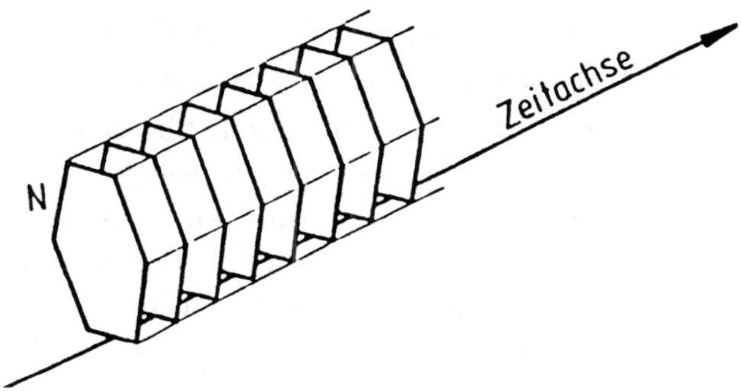

Abbildung 3

Der Gang der „normalen Wissenschaft"[6] führt im Lauf der Zeit also zu Veränderungen am Theorienetz, ohne daß dabei die Identität der Theorie verletzt wird. Die Abbildung 3 stellt dies symbolisch dar. Wir sind jetzt also nocheinmal einen Schritt zurückgetreten, um durch den größeren Abstand einen weiteren Überblick zu gewinnen. Hier wurde nicht einmal mehr die Feinstruktur des Theorienetzes dargestellt – es bleibt nur der sechseckige Rahmen zurück, der uns an die unveränderte Identität der Theorie erinnern soll.

Wir haben zwar von Veränderungen gesprochen, aber im geheimen haben wir dabei sicher nur an Erfolge gedacht – das Theorienetz ist reicher geworden. Das wird aber nicht die Regel sein; es werden gewisse voreilige Netzverfeinerungen sicher auch einmal zurückzunehmen sein. Es kann aber noch ärger kommen, wenn eine Theorie von mehreren gravierenden Fehlschlägen heimgesucht wird; dann kann sich nämlich eine „wissenschaftliche Revolution" mit stattfindender Theorienverdrängung einstellen: Die Häufung von Fehlschlägen wird dabei mit der Zeit die Geister spalten. Traditionsbewußte Forscher werden von ihrer alten und oft bewährten Theorie nicht abweichen wollen. Sie werden die Probleme, die irgendwelche widerspenstige Anwendungen bereiten, nur als eine vorübergehende Krise bewerten. Nicht aber so der wissenschaftliche Revolutionär. Er distanziert sich immer mehr von der traditionellen Theorie. Während die Traditionalisten immer noch hoffen, die widerspenstigen Anwendungen in den Griff zu bekommen, haben sich die wissenschaftlichen Revolutionäre bereits abgewendet, haben die Hoffnung aufgegeben und sind auf der Suche nach einem erfolgreicheren Theoriegrundelement T'_b, welches auch die widerspenstigen Anwendungen erfassen und zu einer Lösung führen soll.

Die Abbildung 4 zeigt diesen Vorgang der wissenschaftlichen Revolution schematisch. Das alte, bisher bewährte Theorienetz N hat sich in normalwissenschaftlicher Manier weiterentwickelt. Etwa zum

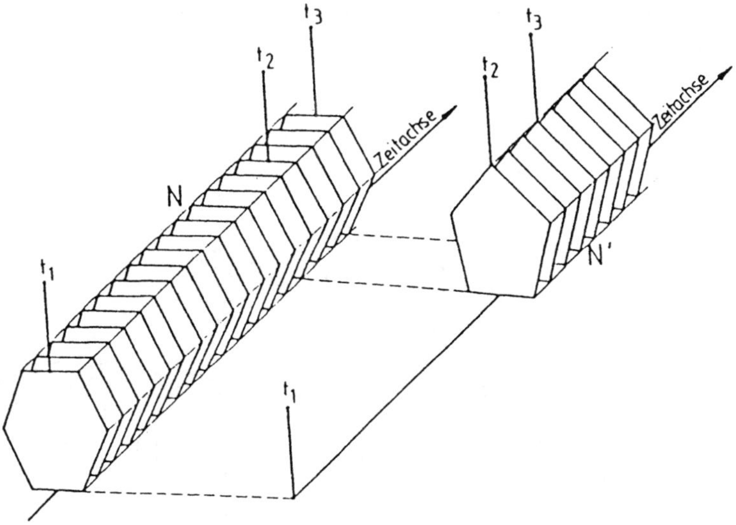

Abbildung 4

Zeitpunkt t_2 häufen sich jedoch die Probleme. Es taucht ein neues Theoriegrundelement auf und damit die keimhaften Anfänge für ein neues Theorienetz N', welches wir im Bild als fünfeckigen Rahmen symbolisieren. Im Zeitbereich t_2 bis t_3 stehen also gleichzeitig zwei Theorien konkurrierend nebeneinander. Ab dem Zeitpunkt t_3 stirbt die alte Theorie aus. Die Theorie N' hat die Theorie N verdrängt. Eine Analyse zeigt, daß man selbst in den Fällen progressiver Theorienverdrängung, wo sich die verdrängte Theorie noch partiell und näherungsweise in die verdrängende Theorie einbetten läßt, nicht mehr von einer Annäherung des menschlichen Erkennens an „die Realität" sprechen kann. Wir wollen also vorsichtig sein mit der Vorstellung, daß Theorien annäherungs- und aspektweise die Realität abbilden können.[7)]

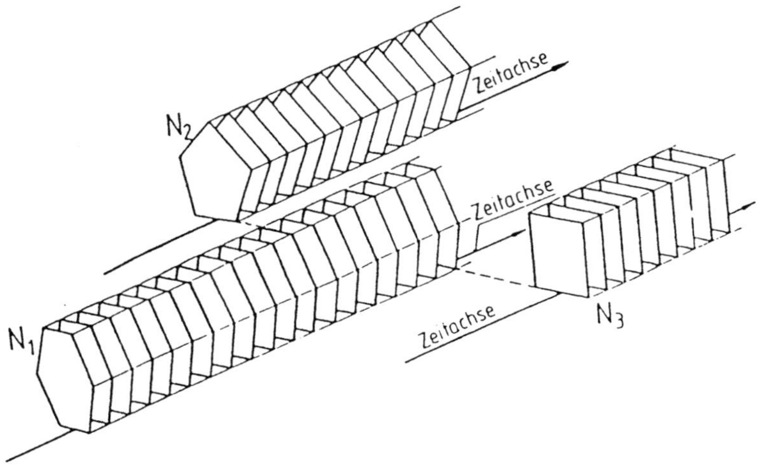

Abbildung 5

Zuletzt sei noch auf ein besonderes Phänomen hingewiesen, nämlich auf die sogenannte Fortschrittsverzweigung. Die Abbildung 5 zeigt den Moment einer fälligen Theorierevolution, die vom Theorienetz N_1 ihren Ausgang nimmt. Es möge ein Theorienetz N_2 entstehen. Doch damit nicht genug. Wir stellen uns vor, daß darüber hinaus auch noch ein Theorienetz N_3

entsteht. Beide neuen Theorienetze N_2 und N_3 mögen entwicklungsfähig sein und von ihren Vertretern erfolgreich angewendet und ausgebaut werden. Damit haben sich Theorienetze entwickelt, die auf verschiedenen Ästen liegen. Wir stehen also vor einer Theorie-Gabelung. Wollte man wirklich meinen, daß Theorien die Realität abbilden, so käme man hier zu der absurden Vorstellung, daß der Theorie-Gabelung eine „Realitätsgabelung" entspricht. *Solchen* Vorstellungen wollen wir aber wohl aus dem Weg gehen.

3. Erklärungen. Der dritte Teil der Säule, auf der unsere empirisch-wissenschaftliche Sicht ruht, ist die Erklärung. Eine Erklärung ist nichts anderes als eine Antwort auf eine Warum-Frage. Herkömmlicherweise faßt man eine wissenschaftliche Erklärung als eine logische Schlußfolgerung auf, die uns zwingend verstehen läßt, warum ein bestimmtes Ereignis eingetreten ist. Wenn man zum Beispiel sieht, daß ein großer Stein im Wasser schwimmt, dann wird man diesen Sachverhalt verstehen, wenn man folgendes erfährt:

Deterministisches Gesetz: Alle Gegenstände, deren Dichte geringer als Wasser ist, können schwimmen.	
	Explanans
Randbedingung: Dieser Stein aus vulkanischem Tuff hat eine geringere Dichte als Wasser.	
______________________________	Argumentationsschritt [mit logischer Sicherheit]
Zu erklärendes Ereignis: Dieser Stein aus vulkanischem Tuff kann schwimmen.	Explanandum

Der Argumentationsschritt – er ist in unserem Schema durch einen horizontalen Strich symbolisiert – stellt eine logische Ableitung dar, er führt uns im Verstehen vom Explanans zum Explanandum. Die Erklärung weist die Übereinstimmung des beobachteten Phänomens mit den Gesetzen und den vorliegenden Randbedingungen nach. Aber ganz so komplikationslos läuft dieser Vorgang nicht immer ab. Man kann nämlich nur dann sagen, daß eine solche Erklärung angemessen ist, wenn sie die sogenannten HEMPELschen Adäquatheitsbedingungen erfüllt. Es stellt sich heraus, daß es sehr schwer ist, diese Bedingungen in aller Strenge nachweislich einzuhalten. Angemessene wissenschaftliche Erklärungen sind also nicht zum Nulltarif erhältlich; deshalb steht man in der empirisch-wissenschaftlichen Praxis sehr oft vor unvollkommenen Erklärungen. Trotz aller Schwierigkeiten hoffen wir aber, daß sich dieses Schema der wissenschaftlichen Erklärung in allen Situationen der wissenschaftlichen Praxis bewähren wird, sodaß wir es als Paradigma der empirisch-wissenschaftlichen Erklärung auffassen können.

In unserem bisherigen Schema der Erklärung haben die verwendeten Gesetzmäßigkeiten allerdings eine Besonderheit aufgewiesen: Es waren stets deterministische Gesetze. Deterministische Gesetze verbinden die darin enthaltenen Aussagen auf strikte und ausnahmslose Weise: „Jeder Einzelfall von F ist *immer* auch ein Einzelfall von G." Ein statistisches Gesetz stellt dagegen eine gewisse Abschwächung dar; anstelle der strikten Aussage tritt eine Wahrscheinlichkeitsaussage: „Die Wahrscheinlichkeit dafür, daß ein Einzelfall von F auch ein Einzelfall von G ist, ist ihrem Zahlenwert nach gleich r." Statistische Gesetze haben recht bald in die empirische Wissenschaft Eingang gefunden. Im Anfang war man eher der Meinung, daß es sich dabei um eine provisorische Maßnahme handelt, weil man noch nicht alle Informationen, die in das Geschehen Eingang finden, beisammen hat. Heute kommen wir eher zu einer gegenteiligen Sicht: Statistische Gesetze dürften überhaupt die eigentliche Basis darstellen. Wie dem auch sei, wir können jedenfalls nicht auf Erklärungen in statistischen Systemen verzichten. Zu diesem Zweck werden wir versuchen müssen, unser bisheriges Erklärungsschema zu verallgemeinern, damit es auch in solchen Systemen anwendbar ist.

Wir verallgemeinern die deterministische Erklärung zur statistischen Erklärung, indem wir das deterministische Gesetz durch ein statistisches Gesetz ersetzen und den Argumentationsschritt entsprechend relativieren:

Statistisches Gesetz:
2% aller Schweden sind
römisch-katholisch.

Randbedingung:
Petersen ist Schwede.

═══════════════════════ [Es ist fast sicher]

Petersen ist nicht
römisch-katholisch.

Es ist zu hoffen, daß eine solche statistische Argumentation rational akzeptierbar ist.

Leider ist sie es nicht. Wir handeln uns nämlich durch das statistische Gesetz ein eigenartiges Phänomen der Mehrdeutigkeit ein. Betrachten wir eine statistische Erklärung, deren Argumentationsschritt mit praktischer Sicherheit auf die Konklusion „a ist ein G" führt und setzen wir voraus, daß sowohl das statistische Gesetz als auch die Randbedingung *wahr sind.* Das ist zwar eine sehr starke Annahme, aber sie möge gelten, damit wir für unsere Überlegungen von optimalen Voraussetzungen ausgehen können. Bei diesem erwähnten Phänomen der Mehrdeutigkeit hat sich nun gezeigt, daß trotz all dieser Vorkehrungen ein rivalisierendes Argument auftauchen kann, welches genau das Gegenteil, gleichfalls mit praktischer Sicherheit behauptet. Das heißt wir können plötzlich vor einer anderen statistischen Erklärung stehen, die mit praktischer Sicherheit die Konklusion „a ist kein G" behauptet, wobei auch hier sowohl das statistische Gesetz, als auch die Randbedingungen als wahr gelten mögen. Zwei verschiedene Erklärungen mit absolut wahren Explanans-Sätzen führen zu Konklusionen, die das Gegenteil voneinander behaupten *und beiden Konklusionen wird hohe Sicherheit attestiert.* Wegen dieser denkbaren Mehrdeutigkeit ist die statistische Erklärung in dieser Form nicht rational akzeptierbar.

Schon ein einfaches Beispiel zeigt das recht deutlich. Denken wir wieder an unseren Herrn Petersen aus Schweden. Unversehens stehen wir nämlich zum Beispiel vor dem folgenden rivalisierenden Argument:

Statistisches Gesetz:
97% aller Menschen, die nach Lourdes pilgern, sind römisch-katholisch.

Randbedingung:
Petersen pilgerte nach Lourdes.

═══════════════════ [Es ist fast sicher]

Petersen ist doch römisch-katholisch.

Beiden konträr lautenden Aussagen wird wegen der erwähnten Prozentsätze hohe Sicherheit attestiert. Auf welche Aussage soll man sich jetzt eigentlich verlassen? In dieser Form, wo diese Frage ungeklärt ist, können also statistische Erklärungen jedenfalls nicht rational akzeptierbar sein.

Wir können den daran anschließenden, umfangreichen Überlegungen nicht im Detail nachgehen. Es sei nur erwähnt, daß der einzige Ausweg aus dieser Mehrdeutigkeit in HEMPELs „Forderung nach maximaler Spezifizierung" gesehen wird. Eine statistische Erklärung ist hiernach nur dann rational akzeptierbar, wenn man *alle* statistischen Gesetze und *alle* hiermit verbundenen Sachverhalte einbezieht, die auf die Conclusio einen Einfluß haben könnten. Alle einschlägigen Informationen, die in der betreffenden Wissenssituation K enthalten sind, sind also mit großer Gewissenhaftigkeit zu berücksichtigen. Es läßt sich zeigen, daß dadurch der Makel der Mehrdeutigkeit zu beseitigen ist – wir haben uns aber damit eine sogenannte epistemische Relativität eingehandelt: Denn selbst bei *absoluter Wahr-*

heit der Prämissen und bei *gewissenhaftester Einhaltung* der „Forderung nach maximaler Spezifizierung“ kann sich die statistische Erklärung in einer zukünftigen Wissenssituation K_t als inadäquat herausstellen. Die bisher fraglose Kumulativität des Wissens, die bei absoluter Wahrheit des Explanans und richtigem logischen Argumentationsschritt gewährleistet war, ist jetzt also unterbrochen. Welche Reichweite diese Konsequenz aber hat, wird besonders deutlich, wenn man bedenkt, daß im Prinzip in alle empirischen Erfahrungen schon wegen ihrer meßtechnischen Ermittlung grundsätzlich statistische Überlegungen eingehen.

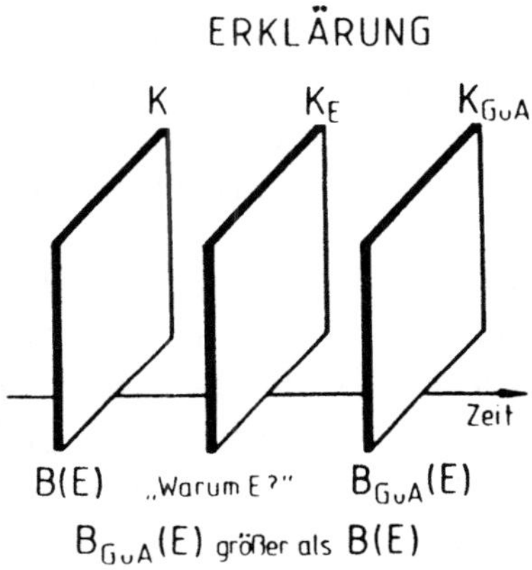

Abbildung 6

Die weitere Analyse dieser Situation führt schließlich überhaupt zu einer Wandlung in der Vorstellung, was man als Paradigma für rationale Erklärungen sehen soll. Ein Ereignis E ist hiernach für unsere Person erklärt, wenn durch Auffinden geeigneter Gesetze G und geeigneter Randbedingungen A die Glaubenswahrscheinlichkeit für das Eintreten dieses Ereignisses gesteigert wurde. Die Abbildung 6 zeigt dies schematisch: In der Wissenssituation K ist die Glaubenswahrscheinlichkeit für das Eintreten des Ereignisses E gleich B(E); nach Hinzufügen der Gesetze G und der Randbedingungen A verschärft sich die Wissenssituation zu $K_{G \cup A}$ und liefert eine höhere Glaubenswahrscheinlichkeit $B_{G \cup A}(E)$, die man als rationale Erklärung wertet.

Erklärungen geben eine Antwort auf Warum-Fragen und spannen unsere empirisch-wissenschaftliche Sicht als Denkmuster vor uns auf. In der Naturwissenschaft und Technik sind neben den Erklärungen auch Voraussagen von entscheidender Bedeutung. Voraussagen können wir dabei als Erklärungen von Ereignissen auffassen, bevor diese noch stattgefunden haben.

4. Das Denkmuster des Gegenwurfes. Unsere Säule, die die empirisch-wissenschaftliche Sicht trägt, hat also eine ganz andere Funktion, als wir zu Beginn geglaubt haben. Wir konnten „Begriffe“ gar nicht unabhängig konstruieren und mit ihnen „Naturgesetze“ entschleiern. Wir konnten gar nicht unabhängig erkennbare Tatsachen-Puzzlesteine zu einem „wahren Erklärungs-Puzzlebild“ zusammenfügen. Begriffe, Gesetze und Erklärungen haben überhaupt eine ganz andere Struktur gezeigt. Begriffe, Gesetze und Erklärungen sind nämlich eng miteinander verwoben und vermascht und legen dadurch fest, wie (!) man weiß. Die Abbildung 7 will diese Verflechtung nocheinmal verdeutlichen. Was man zuletzt durch den Akt des Wissens erfährt, also

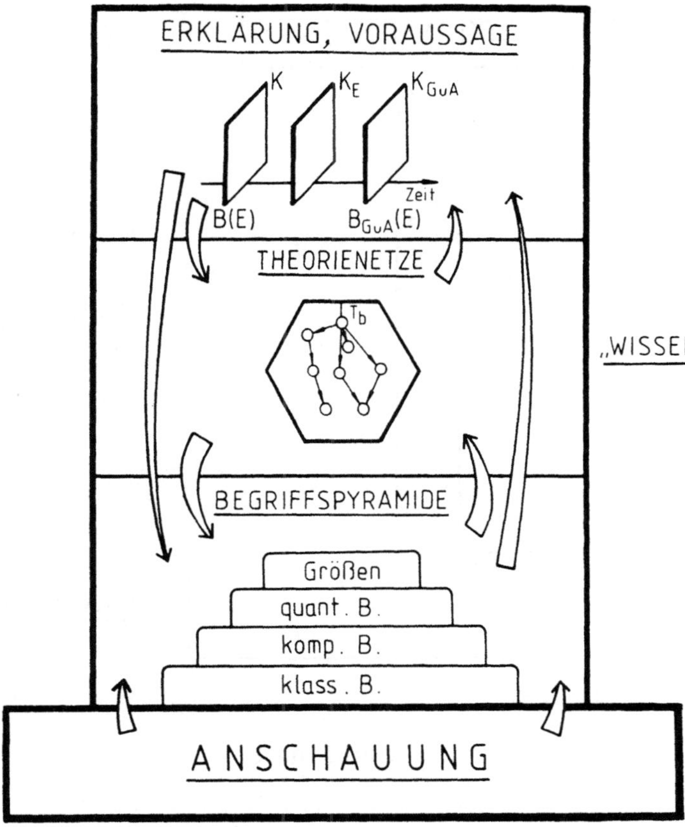

Abbildung 7

das Ergebnis unserer Bemühungen, möchte ich Gegenwurf nennen (Abbildung 8). Im Sinn von Wissen bildet man auf der Basis von Anschauungs-Elementen einen Gegenwurf, der mir fortan – durch diese Art zu sehen – entgegenkommt. HESSEs Glasperlenspiel ist hierfür ein wunderschönes Beispiel: Denn unsere An-

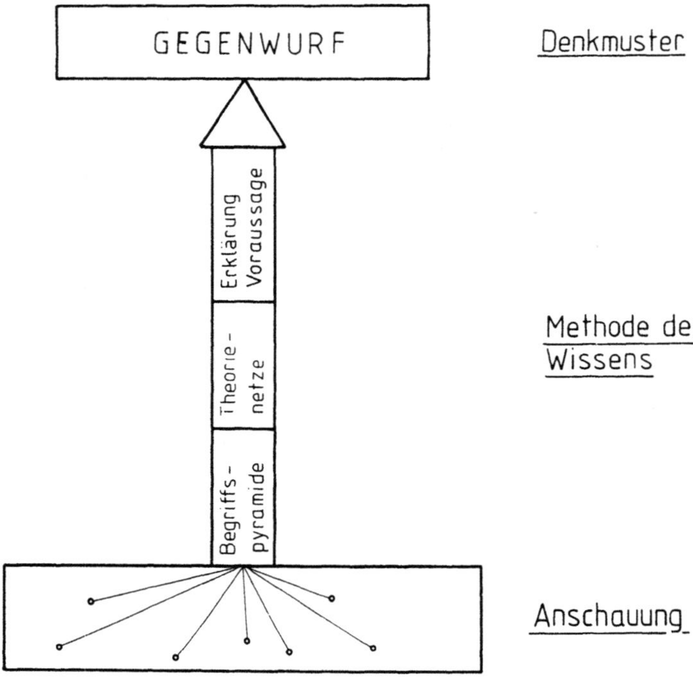

Abbildung 8

schauungselemente sind wie seine Perlen, die von einer Priesterklasse nach bestimmten Spielregeln zu einem Muster, hier also zu einem Denkmuster, dem Gegenwurf, angeordnet werden. Ich sehe also den Gegenwurf als ein Denkmuster an, welches durch eine relative Verknüpfung relativ ausgewählter Bündel von Anschauungs-Elementen konstruiert wurde. Der Gegenwurf hat sich nicht als etwas Absolutes erwiesen, er ist im Gegenteil relativ und zwar relativ in bezug auf die Bauart des Verknüpfungsinstrumentes unserer Wissensmethodik. Die Auswahl der Anschauungs-Elemente und ihre Anordnung zu einem Bild gehorchen dabei der „inneren Logik“ des *selbstgemachten* Verknüpfungsinstrumentes unserer Wissensmethodik. Wenn man Glück hat, dann ergibt sich nur ein einziger Gegenwurf; mit Mehrfachgegenwürfen muß man allerdings im Prinzip immer rechnen. Nebenbei bemerkt sind natürlich alle diese Gegenwürfe „richtig“, wenn man beim Zusammenlegen und Arrangieren der Anschauungs-Elemente keine Fehler gemacht hat. Es darf auch auf die ungeheure praktische Bedeutung solcher empirisch-wissenschaftlicher Gegenwürfe verwiesen werden, denn sie ermöglichen in ungeschmälerter Art ja auch weiterhin in gewissen abgegrenzten Bereichen zu weitgehend verläßlichen empirisch-relevanten Aussagen zu kommen. Mehr soll und kann man aber auch nicht verlangen. Eine Glorifizierung zu dem „einen, wahren Bild der Realität“ ist darüberhinaus nicht notwendig. Allerdings muß zugegeben werden, daß mit dem Glorienschein auch die autoritäre Überzeugungskraft wegfällt. Aber auch das kann eigentlich nur gut sein.

Die Mosaik-These

Durch die Besonderheit unserer Wissens-Methode werden aus dem großen Reichtum unserer Anschauung gewisse Elemente ausgewählt und zu einem – fast hätte ich gesagt „geschmackvollen“ – Denkmuster zusammengefügt. Viele Erkenntnis-Mosaiksteine lassen sich aneinander fügen, ihre Berandungslinien bilden kaum irgendwelche Fugen, es entsteht ein großartiges Denkmuster-Bild. Natürlich ist es noch nicht fertig, wir schauen ja dem Künstler über die Schulter und sehen der Entstehung des Werkes zu. Immer wieder ist es verblüffend zu beobachten, daß man den einzelnen herausgegriffenen Mosaiksteinen gar nicht ansehen kann, zu welchem Bild sie einmal zusammengefügt werden. Und doch, wenn man einen Schritt zurücktritt, ergibt das Muster plötzlich einen Sinn und wir sehen fasziniert zu, wie der Künstler weitere Mosaiksteine aufgreift und ergänzend und erweiternd in das Gesamtbild einfügt. Seine Arbeit ist wie gesagt noch nicht abgeschlossen. Wir stehen erst vor einem halbfertigen Mosaikbild. Wir erkennen aber doch offenbar schon das Wesentliche.

Ich meine, man muß nicht besonders betonen, daß man mit den gleichen Steinen auch ein anderes Bild schaffen könnte. Ein anderer kreativer Künstler hätte sicher auch eine gänzlich andere Auswahl und Reihenfolge bei seinen Mosaiksteinen getroffen. Aber auch sein Bild wäre wahrscheinlich ein Kunstwerk geworden. Auf der anderen Seite ist sicher nicht jede beliebige Anordnung von Mosaiksteinen gleich als Kunstwerk einzustufen; man wird sich da eine gewisse Kritikfähigkeit bewahren.

Unser Gegenwurf-Denkmuster hat also nichts mehr mit der „Realität“ zu tun, mit „der einen Wahrheit“, an die man sich annähern könnte, bis man sie irgendwann einmal vollständig erkannt hat.[8)]

Die empirisch-wissenschaftliche Sicht ist also ein Denkmuster, welches durch eine relative Verknüpfung relativ ausgewählter Bündel von Anschauungselementen konstruiert wurde. Dieses Denkmuster ist nichts Absolutes, es ist in erster Linie an die spezielle Methodik seiner eigenen Konstruktion gebunden und nicht an eine objektive Struktur der Realität.

Unser Weg hat uns auf ein pluralistisches Bild geführt, weil Mehrfachinterpretationen denkbar sind und weil jedes Denkmuster an die spezielle Methodik seiner eigenen Konstruktion gebunden ist, weil also methodenabhängige Mehrfach-Denkmuster in unprivilegierter Pluralität nebeneinander stehen. Diesen Denkmuster-Pluralismus wird man nicht durch einen unbegründeten, dogmatisch motivierten Kompatibilitätsdrang in einen Denkmuster-Singularismus verwandeln oder dem einen oder anderen Denkmuster von vornherein besondere Privilegien und Prioritäten im Hinblick auf seine allgemeine Bedeutung und Gültigkeit zuerkennen. Wir würden letztlich bloß verarmen.

Viele Naturwissenschaftler haben sich immer wieder gegen die Auffassung gewendet, daß ein heutiges oder zukünftiges naturwissenschaftliches Denkmuster verabsolutiert und als „die *eine wahre* Abbildung der Realität" aufgefaßt werden darf. Vom Publikum wird das allerdings oft verdrängt. Ein gewisses – womöglich sogar evolutionär deutbares – dunkles und instinktives Streben nach geistiger Sicherheit mag daran schuld sein.

Neben den Methoden der Anschauungselement-Verknüpfung durch *Wissen* sind auch andere Arten der Verknüpfung für uns von großer Bedeutung, wie etwa ein *Vergewissern*, welches zu einem *philosophisch Gedachten* führt, oder ein *Glauben*, welches den Glaubenden zu einem *Geglaubten* bringt, oder ein *Schaffen*, welches den schöpferischen Menschen zu einem *Kunstwerk* führt. Unser Selbst steht vor seiner Anschauung, und eine ungeheure Fülle drängt zu einer Vielfalt von Bildern. Dem Wissen steht jedenfalls keine Priorität zu.

Ich glaube, daß solche Überlegungen unser zukünftiges Handeln bestimmen müssen.

Über die scheinbare Einzigartigkeit der naturwissenschaftlichen Sicht

Ein Essay

In diesem Essay geht es zunächst um die „Wirklichkeit“ der empirischen Wissenschaft, in deren Zentrum die Naturwissenschaft steht. Ich glaube, es ist vielfach die Auffassung verbreitet, daß die heutige empirisch-wissenschaftliche Sicht grundsätzlich die einzige Art ist, wie man sich ein verläßliches Bild von der Realität machen kann und zwar auf dem Weg des Wissens und nicht bloß auf irgendeinem Weg des unsicheren Glaubens oder Vermutens. Und das ist, so sagt man gerne, für uns auch ungeheuer wichtig und vorteilhaft, denn die empirisch-wissenschaftliche Sicht ist ja ein tragendes Fundament unserer technologisch orientierten Epoche.[9] Die empirisch-wissenschaftliche Sicht steht also wie ein singulärer Monolith vor uns und vermittelt uns die zwingende Vorstellung, daß sie auf der *objektiven Struktur der Realität* fußt. Die Konsequenzen einer solchen Auffassung liegen auf der

Hand: Andere mögliche Sichtweisen über die Wirklichkeit, die man vielleicht hier und dort antrifft, sind zwar nicht verboten, solange sie nicht der empirisch-wissenschaftlichen Sicht widersprechen; sie haben sich jedenfalls aber unterzuordnen und fungieren dann bis auf weiteres in jenen Randbereichen, bis wohin die empirische Wissenschaft noch nicht vorgedrungen ist, als mehr oder minder schmückendes Beiwerk. Allerdings sind diese anderen Sichtweisen stets in Gefahr, im Zug eines empirisch-wissenschaftlichen Fortschrittes okkupatorisch unter Verlust ihrer besonderen Eigentümlichkeiten eingemeindet zu werden. Widerspruchslos und höchstens etwas wehmütig nimmt man diesen Okkupationsprozeß hin. Man sagt: Es wurde eben eine bislang im Dunkeln, im Verborgenen liegende Wirklichkeit *ent*borgen, entdeckt. Und man meint, daß man auch einen triftigen Grund dafür hat, so denken zu müssen: Die Stärke der empirisch-wissenschaftlichen Sicht liegt ja in ihrer Überprüfbarkeit. Und dieser Vorzug legitimiert, daß man eine Ansicht sofort fallen läßt, wenn sie zur empirisch-wissenschaftlichen Sicht in Widerspruch gerät. Andere Sichtweisen kommen also zu Fall – nicht etwa weil sie durch *innere* Probleme der betreffenden Sichtweise unakzeptabel geworden sind – sie kommen zu Fall, weil sie mit einem *externen* Gedankengebäude nicht übereinstimmen. Der empirisch-wissenschaftliche Monolith wächst dadurch ungestört wie ein Kristall in seiner Nährlösung – der Singularismus ist hierdurch programmiert.

Wie gesagt, liegt die Stärke der empirisch-wissenschaftlichen Sicht in ihrer Überprüfbarkeit. Nur solche Aussagen werden in die empirisch-wissenschaftliche

Sicht aufgenommen, die uns aus der Erfahrung entgegenkommen und die sich einer Überprüfung nicht entzogen haben. *Läßt es sich aber überprüfen*, ob die empirisch-wissenschaftliche Methode wirklich die einzig mögliche Vorgangsweise ist und daß wir tatsächlich verläßlich zu eindeutigen Aussagen kommen? Daß wir zu Aussagen kommen, bei denen sich eine Unterwerfung lohnt. Aussagen, die wir grundsätzlich anzuerkennen haben. Ist also die Rechtfertigung für die Okkupation wenigstens vom empirisch-wissenschaftlichen Standpunkt aus gültig? Weiß die Wissenschaft? Läuft die empirisch-wissenschaftliche Sicht also notwendigerweise auf einen *Singularismus* hinaus? Eine entsprechende Analyse dieser Frage ist natürlich recht umfangreich und übersteigt den Rahmen unseres Essays, aber man kann doch zumindest andeutungsweise auf einige Merkwürdigkeiten hinweisen, die den Singularismus zuletzt nicht mehr so selbstverständlich erscheinen lassen.

Unsere Überlegungen lenken uns nämlich bald zu einer anderen Auffassung, die dem Singularismus diametral gegenübersteht. Wir sehen uns dort einer Vielfalt von Denkmustern gegenüber, die in prioritätsfreier *Pluralität* nebeneinander stehen : Einer Pluralität von Denkmustern, die alle „richtig" sind und die doch nicht zur Deckung gebracht werden können. Denkmuster, die nebeneinander stehen wie verschiedene Bilder, die nichts miteinander zu tun haben und die sich doch alle auf das gleiche beziehen. Der Pluralismus gibt also auch anderen Denkweisen Raum und befreit die empirisch-wissenschaftliche Sicht von jener vermeintlichen, messianischen Aufgabe, im Stil einer „Heidenbekehrung“ eine heilsabsolute Wahrheit auf allen Gebieten verkünden zu müssen. In dieses Sendungsbewußtsein sollte man sich also nicht hineindrängen lassen, es beruht auf einem Mißverständnis, von dem wir im nachfolgenden sprechen wollen. Die Wiedereinsetzung einer pluralistischen Denkvielfalt wird uns in Zukunft auch gut tun, wenn wir uns aus unseren Problemen, in die uns die Monokultur unseres Denkens gebracht hat, zumindest zum Teil befreien wollen.

Das was dem Menschen im sogenannten Anschauen als der allgemeinsten Form des Gewahrwerdens und Innewerdens bewußt wird, ordnet er, wie erwähnt, in einer Vielfalt von Denkmustern. Das Anschauen und das Denken in Mustern ist aber nicht Selbstzweck: Ich stehe ja *handelnd* in der Welt und orientiere mich an meinen Denkmustern. Geht das jedoch mit einer Pluralität von Denkmustern gut? Auch diese Frage wollen wir in unserem Essay nicht aussparen.

Bald stehen wir in unserem Essay auch vor Fragen, wo denn in diesem Bild das *Subjekt* ist und wo das *Objekt* ist. *Wer* schaut da an, wer schaut da *was* an? Im empirisch-wissenschaftlichen Bild stellt man oft dieses geheimnisvolle Zentrum, welches sich selbst in seinem Inneren jenes empirisch-wissenschaftliche Bild macht, eher als eine vernachlässigbare Kuriosität hin, die da im Lauf der Evolution inmitten einer rational strukturierten Natur hin und wieder entstanden ist. Die Vorstellung einer sozusagen *beseelten* Natur ist diesem nüchternen singularistischen Bild eher fremd und sie wird gerne als ein Relikt vergangener emotionaler Zeiten betrachtet.

Wir wollen uns sogar auch noch eine Stufe weiter vortasten in Bereiche der Versenkung und des meditativen Nachsinnens. Bringt uns die Pluralität hier nicht einen Schritt näher? Wenn man das Werk des überragenden Mystikers MEISTER ECKEHART aufschlägt, – er hat im 14. Jahrhundert gewirkt – dann liest man oft erstaunliche Sätze, die uns in ihrer Tiefe und ihrer Bedeutung wohl sehr ansprechen.

Singularismus und Pluralismus, Subjekt und Objekt, Handeln und Versenken wollen wir im folgenden Text berühren.

Führt die empirisch-wissenschaftliche Sicht wirklich zu einem Singularismus?

Hier soll zuerst davon die Rede sein, was wir unter einer empirisch-wissenschaftlichen Sicht verstehen und wie man zu ihr kommt. Dann sei kurz umrissen, was man üblicherweise der empirisch-wissenschaftlichen Sicht alles zutraut. Schließlich wollen wir auf einige Schwierigkeiten zu sprechen kommen, die mit der Einrichtung und Etablierung dieser empirisch-wissenschaftlichen Sicht verbunden sind. Ein Auffassungswandel in Richtung eines Pluralismus bahnt sich hierdurch an.

Wir sprechen von der empirisch-wissenschaftlichen Sicht und müssen daher zuerst einmal umreißen, was wir darunter verstehen wollen. „Um etwas wissen" soll hier nämlich in einem entsprechend eingeschränkten Sinn verstanden werden. Wir wollen hier nur jene Einsichten zulassen, die uns aus der Erfahrung entgegenkommen, und wir wollen alle jene Einsichten von vornherein grundsätzlich ausschließen, die uns bloß auf dem Weg irgendwelcher geheimnisvoller Offenbarungen zuteil werden. Nur die Erfahrung möge uns als Quelle und Basis für unser Wissen über die Welt gelten. Ein solches Wissen wollen wir zur Abgrenzung gegen anderes Wissen *empirisches* Wissen nennen. Von einem solchen Wissen soll hier die Rede sein. Wir wollen aber noch mehr. Wir sind an einer empirischen *Wissenschaft* interessiert, also an einer Sicht, die ihre Quellen in der Erfahrung hat und die einen korrekten, am besten einen logischen und in sich widerspruchsfreien Aufbau aufweist. Wir suchen also eine Sicht, die *empirisch-wissenschaftlich* ist. Unser Vorgehen wird sich also grundsätzlich an den beiden Leitgedanken „empirisch" und „wissenschaftlich" zu orientieren haben. Es ist selbstverständlich: Wenn wir etwas nicht auf empirische Weise erfahren können, dann können wir es auch nicht im empirischen Sinn wissen. Solche unsichere Einsichten werden wir also keinesfalls in unser Gebäude aufnehmen dürfen. Und zwar an keiner einzigen Stelle! Denn unser ganzes System der empirischen Wissenschaft würde abgleiten, es würde zuletzt eine Sammlung von ungewissen Alltagsweisheiten darstellen. Die empirische Wissenschaft wäre in einem solchen Fall wohl gescheitert.

Intuitiv gesehen führen uns die beiden Leitgedanken der empirisch-wissenschaftlichen Sicht zu einem verläßlichen Bild der Realität. Denn wir sind in der Lage, in einem ersten Schritt präzise empirisch-wissenschaftliche *Begriffe* zu bilden. Diese Begriffe sind an einem rein konventionellen Ausgangspunkt verankert und holen sich von dort her ihre Standfestigkeit. Wie die Konvention im konventionellen Ausgangspunkt im Detail dabei aussieht, ist eher eine zweitrangige Frage, denn etwa für den Längenbegriff ist es sicher egal, ob man das Pariser Urmeter verwendet oder die preußische Elle. Mit beiden Maßen kann man messen und das ist es ja, was wir in unserer Wissenschaft wollen. Die empirisch-wissenschaftlichen Begriffe sind für uns jedenfalls Werkzeuge, mit denen wir die Natur präzise und quantitativ abtasten können und wir sind damit in der Lage, verläßliche, intersubjektive *Erfahrungstatsachen* zu sammeln. In vielen Fällen gelingt es, durch systematisches Ordnen von Erfahrungstatsachen die der Natur zugrunde liegenden *Gesetze* abzulesen. Und damit haben wir das Spiel scheinbar auch schon gewonnen: Es gelingt Naturvorgänge zu *erklären*, indem wir sie als gesetzeskonform erkennen. Wir können Naturvorgänge aber auch steuern, sie manipulieren, weil wir sie auf der Basis der Gesetze sogar *voraussagen* können.

Diese intuitive Sicht ist freilich noch zu optimistisch und man pflegt sie vielfach daher auch abzuschwächen. Denn wir geben gerne zu: Nicht immer haben wir Erfolg. Aber sicher – so meinen wir zunächst – hängt das damit zusammen, daß unsere Vorgangsweise noch nicht perfekt war und wir haben vielleicht das eine oder andere dabei übersehen. Wenn aber im Sinn unserer Pläne alles ideal verliefe, dann meinen wir doch, daß wir zu „wahren Erkenntnissen“ finden und daß wir uns in der empirisch-wissenschaftlichen Sicht ein verläßliches „Bild der Realität“ machen. Wir fassen unsere Erkenntnisse jedenfalls auch als kumulierbar auf und wir tragen sie zu dem einen „Gebäude der Wissenschaft“ zusammen, welches dann wie ein singulärer Monolith vor uns steht.[10)]

Wenn man den Weg aber analysiert, der zur empirisch-wissenschaftlichen Sicht führt, so stößt man auf eher unerwartete Ergebnisse, von denen einige hier schlagwortartig beleuchtet seien.[11)] Es zeigt sich, daß unsere ursprüngliche Hoffnung, standfeste Begriffe auf der Basis reiner Konvention bilden zu können, nicht in Erfüllung geht; das Einfließen von Hypothesen und Annahmen, von Idealisierungen und Einfachheitsüberlegungen[12)] ist in einem weiten Sinn nicht zu verhindern, wodurch das Aufsammeln von Erfahrungstatsachen und das Ablesen der der Natur zugrundeliegenden Gesetze in der vermeintlich einfachen Weise gar nicht möglich ist. Darüber hinaus fließen Begriffsbildung und Gesetzbildung zum Teil ineinander über. Der Begriff baut auf der Theorie auf und die Theorie auf dem Begriff und bei einem Wandel der Theorie wandeln sich auch die dort enthaltenen Begriffe, die aber inzwischen schon in andere wissenschaftliche Überlegungen eingeflossen sind und dort bereits einen integralen, unverzichtbaren Bestandteil darstellen. Die grundsätzliche Forderung der empirischen Interpretierbarkeit von Theorien bringt sogar einen Wandel in der Vorstellung mit sich, was eine

Theorie eigentlich ist. Man findet zu einem Theorienkonzept, wo Theorie-Grundelemente, Theorie-Netze und Fortschrittsverzweigungen eine Rolle spielen. Es zeigt sich hier, daß man Theorien nicht mehr als eine Annäherung des menschlichen Erkennens an „die Realität" auffassen kann. Dazu kommt, daß statistische Erklärungen die Kumulativität des Wissens unterbrechen.[13)]

Die durch eine strenge Begriffsbildungsmethode errichtete Begriffspyramide[14)] ist mit Theorienetzen[15)] sowie Erklärungen und Voraussagen[16)] eng vermascht (Abbildung 7). Der Begriff baut auf der Theorie auf und die Theorie auf dem Begriff, mit dem man eigentlich ursprünglich die Theorie auffinden wollte. Und beide – Begriff und Theorie – legen fest, welche Anschauungselemente aufgegriffen werden und über welche man hinwegsieht. Hierdurch wird festgelegt, *wie*, also *auf welche Art* man weiß. Im Sinn von Wissen bildet man auf der Basis von Anschauungselementen ein Denkmuster, welches mir fortan – durch *diese* Art zu sehen – als „Gegenwurf" entgegenkommt (Abbildung 8).

Durch die Bauart des Verknüpfungsinstrumentes werden gewisse Anschauungselemente aus der Fülle der gesamten Anschauung herausgegriffen und nach einer speziellen Methodik zu einem speziellen Denkmuster verarbeitet. Dieses Denkmuster ist *ein spezielles* Bild aus *gewissen* Anschauungselementen. Weist das Verknüpfungsinstrument eine *andere* Bauart auf, so werden gewisse *andere* Anschauungselemente aus der Fülle der gesamten Anschauung herausgegriffen und nach einer *anderen* speziellen Methodik zu einem *anderen* speziellen Denkmuster verarbeitet. Dieses Denkmuster ist dann *ein anderes spezielles* Bild aus *anderen gewissen* Anschauungselementen. In keinem der Fälle kann man sagen, welche Abbildung die „richtige" ist. Und schon gar nicht kann man sagen, daß die aufgefundenen speziellen Bilder eine Abbildung einer „dahinterliegenden objektiven Realität" wären. Denn wir meinen unter „dahinterliegender Realität" etwas, wie es unabhängig von einem Erkennen für sich besteht. Nach dorthin haben wir ja aber überhaupt keinen direkten Zugriff. So etwas trotzdem anzunehmen wäre ein „*metaphysischer* Realismus". Die empirisch-wissenschaftliche Sicht ist bestenfalls ein *methodisches* Denkmuster von *methoden*-adäquat ausgewählten Anschauungselementen. Die Konsequenzen einer solchen Auffassung sind sehr weitreichend und führen zu einem radikalen Standpunktwechsel. GLASERSFELD vergleicht die mit einem solchen Standpunktwechsel verbundenen Schwierigkeiten mit der kopernikanischen Revolution. Auch dort mußte eine egozentrische Vorstellung aufgegeben werden, daß nämlich „der kleine Planet, auf dem wir leben, der Mittelpunkt des Universums sein müsse. Wir wissen, daß dies ein äußerst schwieriger Schritt war, und daß der Widerstand länger als ein Jahrhundert gedauert hat. Heute nun scheint es, daß wir einen weiteren noch schwierigeren Schritt in diese Richtung der Dezentrierung machen müssen. Wir müssen die Vorstellung verwerfen, daß die Abbildung, die wir aufgrund unserer Erfahrung konstruieren, in irgendeinem Sinn eine Welt widerspiegelt, die unabhängig von uns existiert" [Wirklichkeit, Seite 143].

Abbildung 9

In der empirisch-wissenschaftlichen Sicht muß man also mit Mehrfachdenkmustern rechnen, wenn grundlegend verschiedene Formen für die Verknüpfung von Anschauungselementen nebeneinander Verwendung finden. Mehrfachdenkmuster sind aber auch dann möglich, wenn ein und dieselbe Verknüpfungsmethode von Anschauungselementen zwei oder mehrere Interpretationen zuläßt. Wir stehen also vor einer ähnlichen Situation, wie sie uns die Abbildung 9 vor Augen führt: Man kann die Stirnfläche der dargestellten Balken einmal nach rechts unten und ein anderes Mal nach links oben gerichtet sehen. Zwei unterschiedliche Denkmuster werden also sichtbar, obwohl sich an der zugrundeliegenden „Reizkonfiguration“ nichts geändert hat.

Alle diese Denkmuster sind dabei „richtig", soferne man beim Arrangieren der Anschauungs-Elemente im Sinn der Spielregeln des Verknüpfungsinstrumentes keine Fehler gemacht hat. Es ist somit nichts dagegen einzuwenden, wenn verschiedene Denkmuster in prioritätsfreier Pluralität nebeneinander stehen.[17)]

Die Vielfalt der Denkmuster

Intuitiv wird man zwar im Bereich der empirisch-wissenschaftlichen Sicht Mehrfach-Denkmuster zunächst überhaupt für unmöglich halten. Man sieht sich jedenfalls nicht in der Lage, zu irgendeiner naturwissenschaftlichen Sicht auf Anhieb ein alternatives Denkmuster angeben zu können. Umso erstaunlicher ist es dann zu hören[18)], daß es für keine physikalische Erklärung und für keine physikalische Theorie Eindeutigkeitsbeweise gibt und daß man möglicherweise sogar mit beliebig vielen gleichberechtigten nebeneinander stehenden theoretischen Systemen rechnen muß. Die Eindeutigkeit wird uns demnach bloß vorgetäuscht durch das Bestreben, physikalisches Wissen als völlig gesicherten Teil menschlichen Erkennens darzustellen. Wenn es aber ein alternatives Denkmuster etwa im Sinn unserer Abbildung 9 gäbe, so müßte dieses in der Lage sein, das gleiche Paket Daten, welches das ursprüngliche Denkmuster gestützt hat, in ein neues System gegenseitiger Beziehungen zu stellen.[19] Ein einfaches Beispiel ist hierfür das kopernikanische bzw. das ptolemäische Weltsystem. Man kann sich leicht davon überzeugen, daß für ein *vorgegebenes Paket* von Beobachtungsdaten bei einem hypothetischen Planeten-Erd-und-Sonnen-System nicht zu unterscheiden ist, ob es sich um ein heliozentrisches (kopernikanisches) oder um ein geozentrisches (ptolemäisches) Weltsystem handelt.[20] Beide Denkmuster stehen hier gleichwertig nebeneinander. Ein anderes Beispiel für gänzlich verschiedene Theorien, die aber dennoch gleichwertig nebeneinander stehen, ohne mit der physikalischen Wirklichkeit in Widerspruch zu geraten, sind im Magnetismus die „Mengentheorie" und die „Elementarstromtheorie".[21] Beide Theorien werden heute nebeneinander mit Erfolg verwendet. Lohnenswert wäre etwa auch eine Analyse der nebeneinander stehenden Denkmuster der westlichen Medizin, der indianischen und chinesischen Heilmethoden, der Akupunktur, der Moxibustion und der Homöopathie. Alle diese Systeme sind oft erfolgreich und heilen den Menschen.

Unser Weg hat uns auf ein pluralistisches Bild geführt, weil Mehrfachinterpretationen denkbar sind und weil jedes Denkmuster an die spezielle Methodik seiner eigenen Konstruktion gebunden ist, weil also methodenabhängige Mehrfach-Denkmuster in unprivilegierter Pluralität nebeneinander stehen. Die Abbildung 10 versucht das Gesagte zu symbolisieren: Eine Auswahl von Anschauungselementen, die als kleine Kreisflächen dargestellt sind, werden zum Beispiel durch eine konkrete Methode des Wissens wie mittels Verbindungslinien zusammengeführt, woraus das Denkmuster der empirisch-wissenschaftlichen Sicht resultiert.[22] Dieses entstehende Denkmuster spricht zum Beispiel von Raum, Zeit, Materie, Kraft und Energie und erkennt den Menschen als ein materielles Wesen.[23]

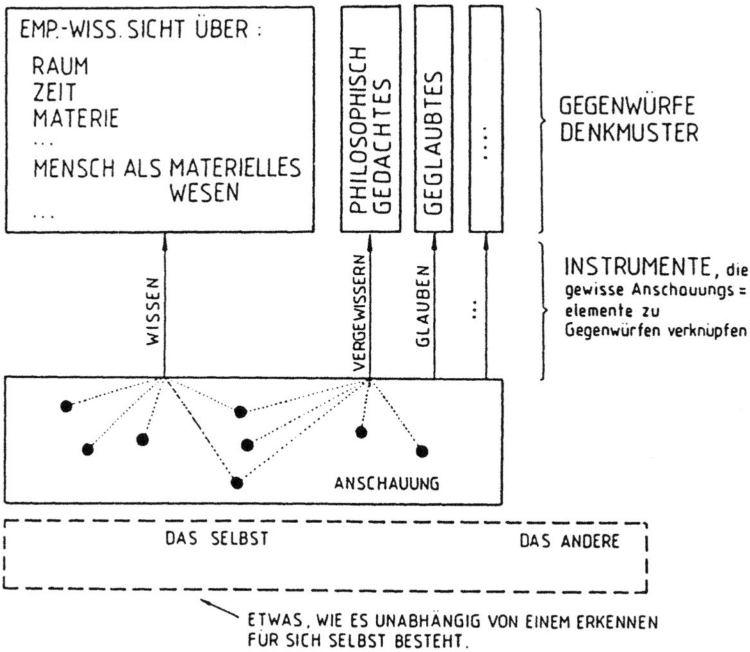

Abbildung 10

Neben den Methoden der Anschauungselement-Verknüpfung durch *Wissen* sind auch andere Arten der Verknüpfung von Bedeutung, wie etwa ein *Vergewissern* , welches zu einem *philosophisch Gedachten* führt oder ein *Glauben*, welches den Glaubenden zu einem *Geglaubten* bringt, oder ein *Schaffen*, welches den schöpferischen Menschen zu einem *Kunstwerk* führt.

In allen diesen Fällen wird man sich davor hüten, ein gewonnenes Denkmuster mit dem seinsmäßig Gegebenen zu verwechseln, mit dem seinsmäßig Gegebenen, wie es unabhängig von einem Erkennen für sich selbst besteht. Man wird sich aber auch davor hüten, ein gewonnenes Denkmuster als die *einzig* legitime Abbildung des seinsmäßig Gegebenen aufzufassen. Viele Denkmuster sind möglich! Alle sind sie aber bloß von relativem Wert.

Die in Abbildung 10 gezeigten unterschiedlichen Denkmuster können die tatsächliche Vielfalt selbstverständlich nur exemplarisch aufzeigen. Mehrere Glaubensbekenntnisse etwa und unterschiedliche philosophische Lehren, sowie auch divergierende Auffassungen in der Geschichtsschreibung können nebeneinander stehen. In Bereichen des Geglaubten oder des philosophisch oder historisch Gedachten weiß man also um diesen Pluralismus; in Bereichen der empirisch-wissenschaftlichen Sicht sieht man diese Möglichkeit oft nicht so deutlich.

In *allen* diesen Fällen der Denkmuster-Vielfalt wird man die Inhalte der Denkmuster auch nicht „isolieren" und dabei vergessen, auf welche Weise man sie gewonnen hat. Hierdurch verabsolutieren sich nämlich unversehens die Inhalte der Denkmuster. Weder Raum, Zeit und Materie einer empirisch-wissenschaftlichen Sicht werden wir verabsolutieren noch das Gedachte über

Seele, Gott oder Dreifaltigkeit aus den Bereichen eines Geglaubten. Die Inhalte der Denkmuster bedeuten erst etwas, wenn sie aus Anschauungselementen im lebendigen Vollzug einer besonderen Art der Verknüpfungsmethode gebildet werden. Isolierte Denkmuster-Inhalte sind bedeutungslos. Isolierte Inhalte der Denkmuster miteinander sogar zu vermischen und zu vermengen führt zu einem beziehungslosen Nebeneinander; denn diese Mischmuster sind in ihrer Gesamtheit nicht durch Vollzug einer Verknüpfung aus Anschauungselementen zu gewinnen. Das, was einmal mit diesen Denkmustern gemeint war, ist durch die Vermischung dann vollständig vernebelt worden.

Doch was bleibt zurück, wenn man die Denkmuster „nicht mehr ernst nimmt", sie nicht mehr verabsolutiert? Durch Loslassen der Denkmuster versinkt ja das anschauende Selbst in sich. Nichts wird in Bildern mehr getrennt, nichts wird mehr zu Gegensätzen aufgespannt. Wird das anschauende Selbst sich verlieren, wenn es sich selbst nicht mehr bespiegelt? Und wohin wird es sich verlieren?

Wer schaut an?

Es war von der Anschauung die Rede, *wer* aber da anschaut und *was* er anschaut, ist nur andeutungsweise betrachtet worden. Im ersten Moment scheint die Antwort hierauf recht einfach zu sein: „Das Subjekt schaut das Objekt an." Das Subjekt bin zum Beispiel ich, wie ich selbst mich als materielles Wesen auffasse, und das Objekt ist zum Beispiel ein Baum, wie ich ihn als materielles Objekt sehe. Subjekt und Objekt muß man aber nicht unbedingt in einem *materiellen* Denkmuster sehen; es gibt noch andere Möglichkeiten, wie etwa jene, die dem Bereich des Vergewisserns, Glaubens u.ä. angehören. Wenn man will, kann man die verschiedenen Denkmuster nach Subjekt und Objekt getrennt aufsortieren und darstellen; die Abbildung 11 zeigt das schematisch. Hier stehe zum Beispiel ich, wie ich mich als materielles Wesen erfahre, dem Baum, wie ich ihn als materielles Objekt sehe, gegenüber. In gleicher Weise sind hier auch all die anderen Denkmuster danebengestellt, die sich aus einem Vergewissern, einem Glauben, einem Schaffen als Subjekt und Objekt ergeben mögen. Alle Arten, wie ich ein Subjekt und ein Objekt denken kann, sind hier voneinander getrennt aufsortiert. Das Subjekt (Objekt) ist jene Gegebenheit, wie das Selbst sich selbst (das Andere) auf dem Weg unterschiedlicher Verknüpfungsmethoden in verschiedenen Denkmustern auffaßt. Aber ist diese Antwort jetzt das, was wir mit unserer Frage „Wer schaut was an?" ansprechen wollten? Subjekt und Objekt haben sich da im Bereich der Denkmuster gezeigt. Wir haben aber mit unserer Frage doch eher einen tiefer liegenden Bereich gemeint.

Jene Seinshaftigkeit, jene Entität, die sich als Subjekt anschaut, wollen wir also als „das Selbst" bezeichnen. Das Selbst ist der Anschauer. Das Selbst ist der Anschauer der Anschauung. Das Selbst steht also vor seiner Anschauung, es steht vor einer Fülle von Anschauungselementen, die zum Beispiel durch die Me-

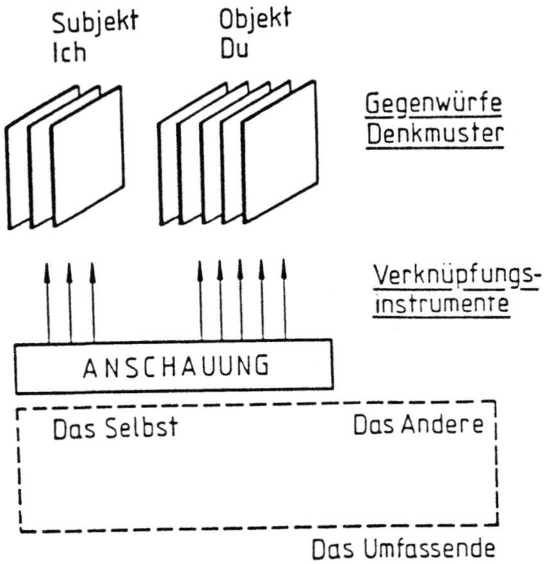

Abbildung 11

thode des Wissens selektiert zu einem Gegenwurf, einem Denkmuster verarbeitet werden, wo uns alles in Raum, Zeit und Materie gegenübersteht. Aus Anschauungselementen konstruieren wir in der empirisch-wissenschaftlichen Sicht ein Denkmuster samt seinem raum-zeitlich-materiellen Koordinatensystem. Steigt man jedoch jetzt aus dem Bereich der Denkmuster wieder in den Bereich der Anschauung *hinunter*, so findet man sich in einer ganz eigenartigen und ungewohnten Situation vor: Die Anschauungselemente liegen hier nämlich – wie wir plötzlich bemerken – jenseits unseres Konstruktes, sie liegen jenseits von Raum, Zeit und

Materie. Denn Anschauungselemente wurden zwar zu einem Denkmuster verknüpft, umgekehrt sind aber die Inhalte der Denkmuster für die Anschauungselemente irrelevant. Man hätte ja aus den Anschauungselementen auch ganz andere Denkmuster formen können, deren Inhalte für die Anschauungselemente gleichfalls wieder irrelevant wären. Die Anschauungselemente sind also translokal, sie sind also jenseits räumlicher Koordinaten, transtemporal, sie sind jenseits eines zeitlich geordneten Ablaufes, sie sind transmaterial, sie sind jenseits des materiellen Substrates.

Steigt man nun noch eine Stufe tiefer zum Selbst hinunter, so läßt man Raum, Zeit und Materie und all die anderen Denkmuster noch weiter zurück und man befindet sich sogar jenseits der Anschauung. Hier müssen wir überhaupt schweigen. Hierher reichen keine Bilder mehr. Vielleicht könnte man im übertragenen Sinn gerade noch einmal daran erinnern, daß das Selbst der Anschauer der Anschauung ist.

Im Denkmuster-Bereich haben wir Subjekt und Objekt voneinander getrennt sichtbar gemacht. Beim Hinuntersteigen in unser eigenes Fundament haben wir jene Seinshaftigkeit, die sich als Subjekt anschaut, als „das Selbst“ bezeichnet. Was entspricht in diesem tiefen Bereich dann dem Objekt, welches wir im Denkmuster so deutlich vom Subjekt unterscheiden konnten? Entspricht dem vom Subjekt getrennten Objekt das „Selbst“, welches von einem „Anderen“ getrennt ist? Wo ist da die Grenze zwischen dem Selbst und dem Anderen? Diese Frage liegt scheinbar auf der Hand, denn wir sehen ja auch eine scharfe Abgrenzung des Subjektes vom Objekt, vom Ich zum Du. Im Denkmuster-Bereich ist diese Grenze jedenfalls deutlich sichtbar. Unsere Frage nach der Grenze zwischen dem Selbst und dem Anderen verleitet uns dazu, das Denkmuster von Subjekt und Objekt samt seiner Grenze in die Tiefe unseres Fundamentes, in den Bereich des Selbst und des Anderen zu projizieren und dort aus Gewohnheit zu materialisieren und dingfest zu machen. Wir finden hier aber keine Grenze zwischen dem Selbst und dem Anderen. Wir haben uns mit der Bildlosigkeit abzufinden und das betrifft sowohl das Selbst, als auch das Andere und erst recht die vermutete Grenze zwischen beiden. Wir können das Selbst und das Andere nicht auseinander halten. Fließen sie ineinander? Waren sie nie voneinander getrennt?[24] Sind das Selbst und das Andere eins im Umfassenden?

Du und ich
was sind wir anderes
als das sanfte Kräuseln
auf der umfassenden Tiefe des Sees.

I. WERTNER

Das Handeln

Ich stehe als Selbst vor meiner Anschauung, ich stehe vor einer Fülle von Anschauungselementen und verknüpfe sie zum einen oder anderen Denkmuster. Je nach der gewählten Verknüpfungsmethode greift man gewisse Anschauungselemente auf und läßt die übrigen – und das sind wohl immer auch die meisten – unbeachtet zurück. Die aufgenommenen Anschauungselemente werden zu einem Bild, einem Muster, einer Sicht arrangiert, die richtig sein wird, solange wir beim regelgeleiteten Arrangieren der Elemente keinen Fehler gemacht haben. Diese so gefundene Sicht ist zum Beispiel die empirisch-wissenschaftliche Sicht, die für mich in gewissen Fällen sehr brauchbar ist. Es erübrigt sich wohl die Fülle dieser Sichtweise zu beschreiben. Jeder kennt sie. Physik und Chemie etablieren sich als Basis der vielfältigen Naturwissenschaften. Biologie, Botanik und Zoologie; Anatomie, Physiologie und Entwicklungslehre; Geologie, Mineralogie, Paläontologie, Meteorologie und Geographie sowie Astronomie nebst Astrophysik und Astrochemie sind Hauptgebiete der Naturwissenschaft. Sie erfassen die Natur empirisch-wissenschaftlich nach ihren Hauptbereichen: Materie, Leben, Mensch, Erde und Weltall. Aber auch andere Verknüpfungsmethoden stehen zur Verfügung, wie die des Vergewisserns, des Glaubens, des Schaffens, um nur einige zu nennen und diese führen zu Sichtweisen und Bildern des philosophisch Gedachten, des Geglaubten und des künstlerisch Geschaffenen. Eine ungeheure Fülle drängt von den Anschauungselementen zu einer Vielfalt von Bildern.

Ich stehe handelnd in der Welt und orientiere mich an meinen Denkmustern. Die Denkmuster sind Bilder, welche mein Handeln führen; sie sind die Maxime, die Leitsätze meines Handelns. An erster Stelle steht hier sicher die empirisch-wissenschaftliche Sicht. Die Methode des Wissens ermöglicht es mir, die empirisch-wissenschaftlichen Phänomene, die mir in der Welt begegnen, nicht nur zu verstehen, sondern sie ermöglicht es mir, diese Phänomene auch zielgerecht zu beeinflussen. Eine ganze Palette des rationalen Handelns tut sich auf. Unser rationales Handeln bringt auch laufend recht schöne Erfolgserlebnisse nach Hause. Denn fast nirgends findet man Ausnahmen, wo rationales Handeln nicht anzuwenden wäre. Unsere empirisch-wissenschaftliche Sicht erleben wir als relativ stabil, weil wir sie selber nach einem bestimmten, unverändert beibehaltenen, also nach einem stabilen Plan konstruieren. Wir erleben also eine stabile Sicht, obwohl wir diese Stabilität nicht auf eine „dahinterliegende objektive Realität" zurückführen können. Das Erlebnis dieser Stabilität stellt eine große Versuchung dar, die empirisch-wissenschaftliche Sicht zu monopolisieren. Man erliegt leicht der hohen Suggestivkraft der Vorstellung, man könne der Realität oder zumindest einem Abbild der Realität im Wissen habhaft werden. Denn – man sagt sich – die empirisch-wissenschaftliche Sicht lenkt mein wissensorientiertes Handeln, das „Richtige" führt mich. Das wissensorientierte Handeln verstärkt mit hoher Eindringlichkeit den Eindruck der Einzigartigkeit dieser Sichtweise und wir stehen zuletzt – wenn wir vergessen, daß es sich bloß um ein spezielles Denkmuster handelt – wie gelähmt vor einer drohenden Entwurzelung: Die Armseligkeit der für absolut gehaltenen empirisch-wissenschaftlichen Sicht läßt alles sinnlos erscheinen. Denn dort ruht alles ausschließlich auf der empirisch-wissenschaftlich zutage geförderten sogenannten Realität. Alles ruht auf physikalisch-chemischen Abläufen, sie sind das primär Gegebene, sie sind der Ausgangspunkt, sie sind die Wirklichkeit. Ein sogenanntes Selbst, welches man vielleicht insgeheim ersehnt hätte, konnte man bis jetzt bei aller experimentellen Sorgfalt jedenfalls nicht ausmachen. Man wird zuletzt sogar noch sagen müssen, daß dieses Selbst auch gar nicht erforderlich ist, denn es ist in diesem Bild überflüssig. „Hypotheses non fingo – Hypothesen erdichte ich nicht" hat schon Newton streng formuliert. Diese diffuse Hypothese von einem Selbst wird man – wenn man ehrlich sein will – also mit dem Seziermesser aus dem empirisch-wissenschaftlichen Bild herauszuschneiden haben. Unsere scheinbare Entwurzelung ist dann perfekt: Wir sind entselbstet. Unser Denken und unser ganzes Sein erschöpft sich in der Begreiflichkeit, alles findet nur seinen Sinn im Rahmen der empirisch-wissenschaftlichen Sicht, die Rationalität ist der einzige Leitfaden, alles ist nur ein Sosein, alles ist in Raum und Zeit sagbar, Beziehungen und Notwendigkeiten sind vorgegeben, das was uns zuerst vielleicht noch als Freiheit erschien, war also doch nur Illusion.[25)] Die *Frage nach dem Sinn* des Ganzen wird in dieser singularistischen Sicht immer vordringlicher.

Neben mein Handeln, welches auf das Wissen hin orientiert ist, stellt sich aber auch mein Handeln, welches von einem Vergewissern, von einem Glauben, vom Schaffen getragen ist und stellt sich meiner drohenden Entwurzelung entgegen. Während das wissensorientierte Handeln unter der Bedingung der Rationalität, des Begreiflichen steht, führt das Handeln, welches vom Vergewissern, Glauben oder Schaffen getragen ist, zu

Ergebnissen, die von der kühlen Rationalität aus betrachtet allerdings unverständlich sind. Es erwächst mir dadurch aber die Möglichkeit, meinem tätigen Leben – welches ich in einer Gemeinschaft eingebettet finde – einen gewissen Gehalt zu verleihen. Hier ist von großer Bedeutung, daß die prioritätsfreie Pluralität uns keine heilsabsolute Maxime des Handelns in irgendeine vorgegebene Richtung aufzwingt. Wir sind in unserem Handeln frei.

Könnte man aus sich selbst heraustreten und könnte man sich selbst in dieser Situation sehen, so müßte man aber wohl sagen: Ich finde mich hier in einer *Zerrissenheit.* Denn ich habe keine eindeutige und approbierte Richtlinie für mein eigenes Handeln zur Verfügung. Die verschiedenen Wege raten Verschiedenes.

Die Zerrissenheit ist es aber nicht allein, die uns hier begegnet. Man muß auch darauf hinweisen, daß es eine Utopie wäre zu meinen, daß das betreffende Denkmuster, welches mein Handeln gerade lenkt, in sich geschlossen wäre, wodurch das Sein hierin in einem Ganzen zugänglich wäre. *Unsere Denkmuster sind grundsätzlich ungeschlossen.* Damit ist aber die Idee, daß eine vollendete Welteinrichtung auf der Basis eines bestimmten Denkmusters und nach Art einer seligmachenden Vorgangsweise möglich wäre, eine Utopie und sie ist schon in ihrem Ansatz unrichtig. Denn die „Welt" ist im Prinzip nicht übersehbar und jedes Handeln scheitert aus diesem Grund an Grenzen. JASPERS formuliert es besonders eindringlich:

Nicht nur die absoluten Weltbilder sind dahin. Die

Welt ist ... für das Erkennen in Perspektiven zerrissen, weil nicht auf ein einziges Prinzip zu bringen. Das Weltsein im Ganzen ist kein Gegenstand des Erkennens.[26)] Jener Gedanke als Idee der unendlichen Aufgabe einer richtigen Einrichtung der Welt ist wahr jeweils in bezug auf begrenzte Erscheinungen in ihr, nicht in bezug auf die Welt überhaupt, die es als möglichen Gegenstand und mögliches Ziel nicht gibt.[27)]

Unser Erkennen und Handeln ist also bereits in seinem Ansatz auf einer fundamentalen Ungeschlossenheit gegründet. Das Entwerfen, Planen und Verwirklichen trägt hierdurch das *Versagen* und *Scheitern* bereits in sich, was uns insbesondere in Grenzsituationen, im Tod, im Leiden, im Kampf, im Verstricken in einer unausweichlichen Schuld, im Unterworfensein unter einen Zufall schmerzlich bewußt wird. In dieser Situation, wo man sich dem Unbegreiflichen zu beugen hat und es annimmt, wird die Ungeschlossenheit der Denkmuster und des darauf fußenden Handelns sichtbar und der Blick auf das Selbst wird frei.

Versenkung und Meditation

An dieser Stelle entfernen wir uns jetzt nocheinmal ein großes Stück von dem, was uns in den Bildern der Denkmuster so deutlich vor Augen stand und nähern uns der Versenkung und Meditation. Meditatives Nachsinnen im philosophisch-metaphysischen oder auch im religiösen-mystischen Sinn tritt uns heute eher selten entgegen. Umso interessanter ist es zu erfahren, daß in verschiedenen Kulturkreisen immer wieder die für uns heute fast unverständliche Erfahrung eines Ich-Erlöschens und eines Ich-Aufgehens in einem Umfassenden gemacht wurde. Beeindruckende Zeugnisse dieser anderen Art des Sehens begegnen uns schon in weit zurückliegenden Epochen der indischen und chinesischen Kultur. YÂJÑAVALKYA (etwa 800 v.Chr.) und LAOTSE (um 500 v.Chr.) stellen wohl besondere Höhepunkte dar[28]. Aber auch im Islam hat die Mystik besonders im frühen Sufismus eine wertvolle Ausprägung gezeigt. Erfahrungen des Ich-Aufgehens in einem Umfassenden kommen uns aber auch aus der Blütezeit unserer eigenen mittelalterlichen Kultur entgegen. Erste Ansätze für das Aufkeimen der Mystik finden wir schon in der zweiten Hälfte des 13. Jahrhunderts. Mystik besagt Immanenz des Göttlichen, besagt das Innewerden Gottes in der eigenen Brust im Erlebnis der unio mystica. Zum Anfang des 14. Jahrhunderts begegnet uns der geniale und überragende Mystiker des deutschen Sprachraums, der Dominikaner-Prediger MEISTER ECKEHART. Sein spekulatives Werk war nicht immer deckungsgleich mit der offiziellen Meinung der Kirche; es gab Spannungen, die sogar zu einem Inquisitionsverfahren führten. Sein lateinisches und deutsches Werk ist uns in einer großen Zahl handschriftlicher Texte erhalten. Kommentare und Auslegungen zur Heiligen Schrift, Predigten und Traktate liegen vor.[29]

Trotz der Verschiedenheit östlichen und westlichen Denkens und trotz der Verschiedenheit der Bilder, die uns bei diesen Mystikern begegnen, stehen wir dennoch vor einer überraschenden Einheitlichkeit ihres Sehens. Als Beispiel für ein solches Denken wollen wir uns Worten eines Mystikers aus unserem westlichen Kulturkreis zuwenden.

Es ist beeindruckend, das Werk ECKEHARTs aufzuschlagen und seine erstaunlichen Sätze zu lesen, die uns durch ihre Tiefe und ihre Bedeutung wohl sehr berühren. Ich sehe in seinen Worten immer wieder die radikale Aufforderung alle unsere Denkmuster loszulassen und das eigene Selbst im Umfassenden – im „göttlichen Abgrund", wie er es nennt – versinken zu lassen.

Die wohl aufregendsten Gedanken entwickelt ECKEHART im Zusammenhang mit der Frage, wie man sich dem „göttlichen Abgrund" überhaupt nähern kann. In einer Predigt, die dem Matthäuswort (Matth. 5.3) „Selig die Armen im Geiste, denn für sie ist das Himmelreich!" gewidmet ist, erleben wir die ganze Wucht der ECKEHARTschen Worte. Der Gedanke der geistigen Armut erfährt hier eine ganz extreme Ausprägung. Geistige Armut ist ein radikales Nichtwollen, Nichtwissen und Nichthaben. Die geistige Armut ist ein totales Loslassen:

> Etliche Leute haben mich gefragt, was denn Armut in sich selbst und was ein armer Mensch sei. Darauf wollen wir antworten ...: Das ist ein armer Mensch, der nichts *will* und nichts *weiß* und nichts *hat.* Von

diesen drei Punkten will ich sprechen ...

Zum ersten sagen wir, daß der ein armer Mensch sei, der nichts will ... Wenn einer mich nun fragte, was denn das sei: ein armer Mensch, der nichts *will*, so antworte ich darauf und sage so: Solange der Mensch dies noch an sich hat, daß es sein *Wille* ist, den allerliebsten Willen Gottes erfüllen zu *wollen*, so hat ein solcher Mensch nicht die Armut, von der wir sprechen wollen; denn dieser Mensch hat (noch) einen Willen, mit dem er dem Willen Gottes genügen will, und das ist *nicht* rechte Armut. Denn, soll der Mensch wahrhaft Armut haben, so muß er seines geschaffenen Willens so ledig sein, wie er's war, als er (noch) nicht war ... Solange Ihr den *Willen* habt, den Willen Gottes zu erfüllen, und Verlangen habt nach der Ewigkeit und nach Gott, solange seid ihr nicht richtig arm. Denn nur das ist ein armer Mensch, der *nichts* will und *nichts* begehrt ...

Zum andern Male ist das ein armer Mensch, der nichts *weiß* ... Der Mensch, der diese Armut haben soll, der muß so leben, daß er nicht (einmal) *weiß*, daß er weder sich selber noch der Wahrheit noch Gott lebe. Er muß vielmehr so ledig sein alles Wissens, daß er nicht wisse noch erkenne noch empfinde, daß Gott in ihm lebt, – mehr noch: er soll ledig sein alles Erkennens, das in ihm lebt. Denn als der Mensch (noch) im ewigen Wesen Gottes stand, da lebte in ihm nicht ein anderes; was da lebte, das war er selber. So denn sagen wir, daß der Mensch so ledig sein soll seines eigenen Wissens, wie er's tat, als er (noch) nicht war, und er lasse Gott wirken, was er wolle, und der Mensch stehe ledig ...

Die dritte Armut aber, von der ich nun reden will, ist die äußerste: es ist die, daß der Mensch nichts *hat* ... Ich habe es (schon) oft gesagt, und große Meister sagen es auch: der Mensch solle aller Dinge und aller Werke, innerer wie äußerer, so ledig sein, daß er eine eigene Stätte Gottes sein könne. Jetzt aber sagen wir anders. Ist es so, daß der Mensch aller Dinge ledig steht, aller Kreaturen und seiner selbst *und* Gottes, steht es aber noch so mit ihm, daß Gott in ihm eine Stätte zum Wirken findet, so sagen wir: Solange es das noch in dem Menschen gibt, ist der Mensch (noch) nicht arm in der eigentlichsten Armut. Denn Gott strebt für sein Wirken nicht danach, daß der Mensch eine Stätte in sich habe, darin Gott wirken könne; sondern das nur ist Armut im Geiste, wenn der Mensch *so* ledig Gottes und aller seiner Werke steht, daß Gott, dafern er in der Seele wirken wolle, jeweils *selbst* die Stätte sei, darin er wirken will ... So denn sagen wir, daß der Mensch so arm dastehen müsse, daß er keine Stätte sei noch habe, darin Gott wirken könne. Wo der Mensch (noch) Stätte (in sich) behält, da behält er noch Unterschiedenheit. Darum bitte ich Gott, daß er mich Gottes quitt mache ... Mir wird in diesem Durchbrechen zuteil, daß ich und Gott eins sind ... Allhier findet Gott keine Stätte (mehr) in dem Menschen, denn der Mensch erringt mit dieser Armut, was er ewig gewesen ist und immerfort bleiben wird. Allhier ist Gott eins mit dem Geiste, und das ist die eigentlichste Armut, die man finden kann.[30)]

Der Mensch, der seine Mitte gefunden hat, ist über die Zeit erhoben und wirkt von dort in die Ewigkeit:

> Wenn der Mensch erhoben ist über die Zeit in die Ewigkeit, so wirkt dort der Mensch *ein* Werk mit Gott. Manche Menschen fragen, wieso der Mensch die Werke wirken könne, die Gott vor tausend Jahren gewirkt hat und nach tausend Jahren wirken wird, und verstehen's nicht. In der Ewigkeit gibt es kein Vor und Nach. Darum, was vor tausend Jahren geschehen ist und nach tausend Jahren (geschehen wird) und jetzt geschieht, das ist *eins* in der Ewigkeit. Darum, was Gott vor tausend Jahren getan und geschaffen hat und nach tausend Jahren (tun wird) und was er jetzt tut, das ist nichts als *ein* Werk. Darum wirkt der Mensch, der über die Zeit erhoben ist in die Ewigkeit, mit Gott, was Gott vor tausend und nach tausend Jahren gewirkt hat.[31)]

Der ECKEHARTsche Gott ist „ohne Eigenschaft“; das Umfassende liegt jenseits der Bilder:

> Alles was du da über deinen Gott denkst und sagst, das bist du mehr selber als er ... Drum schweig über ihn, behänge ihn nicht mit den Kleidern der Attribute und Eigenschaften, sondern nimm ihn „ohne Eigenschaft“... Gott ist namenlos, denn von ihm kann niemand etwas aussagen oder erkennen ... Sage ich ... Gott ist *ein Sein* – es ist nicht wahr; er ist (vielmehr) ein überseiendes Sein und eine überseiende Nichtheit! Daher sagt Sankt Augustinus: Das Schönste, was der Mensch über Gott auszusagen vermag, besteht darin, daß er aus der Weisheit des

inneren Reichtums schweigen könne. Schweig daher und klaffe nicht über Gott ... Auch *erkennen* (wollen) sollst du nichts von Gott, denn Gott ist *über* allem Erkennen. Ein Meister sagt: Hätte ich einen Gott, den ich erkennen könnte, ich würde ihn nimmer für Gott ansehen. Erkennst du nun aber etwas von ihm: er ist nichts davon, und damit, daß du etwas von ihm erkennst, gerätst du in Erkenntnislosigkeit ... Du sollst ganz deinem Deinsein entsinken und in sein Seinsein zerfließen, und es soll dein „Dein" in seinem „Sein" ein „Mein" werden so gänzlich, daß du mit ihm ewig erkennst seine ungewordene Seinsheit und seine unnennbare Nichtheit ... Du sollst ihn bildlos erkennen, unmittelbar und ohne Gleichnis.[32)]

Die Worte ECKEHARTs lassen uns fast beschämt an unser einfältig wirkendes menschliches Erkennen denken. An unser Verknüpfen von belanglosen Anschauungselementen, welches uns als Resultat ein Denkmuster beschert hat, welches für die eine oder andere menschliche Tätigkeit gewiß recht wertvoll ist. Aber weist hier nicht das ECKEHARTsche Denken auf eine grundlegend neue Dimension hin? *Haben wir hier nicht den Eindruck, daß wir bisher überhaupt in der falschen Richtung Ausschau gehalten haben?* ECKEHARTs Denken drängt uns dazu, daß wir uns auf das Wesentliche beschränken. All diese Verknüpfungsgeschichten mit ihren Denkmusterbildern – mit ihren HESSEschen Glasperlenspielen – verlieren vor diesem Hintergrund an Bedeutung und verblassen. Nur das Selbst, das Andere und ein Umfassendes bleiben zurück. Metaphorisch könnten wir sagen: Das Selbst und das Andere sind von dem göttlichen Urgrund des Umfassenden getragen. Aber noch weiter treibt uns die Radikalität des ECKEHARTschen Denkens. Seine Predigt über die Armut fordert uns deutlich auf, nichts mehr zu wollen, nichts mehr zu wissen und nichts mehr zu haben. „Du sollst ihn bildlos erkennen, unmittelbar und ohne Gleichnis... Du sollst ganz deinem Deinsein entsinken und in seinem Seinsein zerfließen und es soll dein ‚Dein' in seinem ‚Sein' ein ‚Mein' werden so gänzlich, daß du mit ihm ewig erkennst seine ungewordene Seinsheit und seine unnennbare Nichtheit." Nocheinmal haben wir also unser Bild zu berichtigen, wenn es das Wesentliche deutlich zeigen soll; das Selbst und das Andere zerfließen im Umfassenden und nur dieses bleibt zurück. Aber ist nicht selbst das noch zuviel? „Du sollst ihn bildlos erkennen, unmittelbar und ohne Gleichnis." „Drum schweig über ihn, behänge ihn nicht mit den Kleidern der Attribute und Eigenschaften, sondern nimm ihn ‚ohne Eigenschaft'. "

In diesen Dimensionen sind wir also weit jenseits von Raum, Zeit und Materie, jenseits des Quantifizierbaren, ja überhaupt jenseits des Wißbaren und – wie eigenartig klingt das doch – jenseits der Wahrheit. Wir sind auch jenseits eines konkreten Glaubens, auch jenseits eines bestimmten Glaubensbekenntnisses. Vergangenheit und Zukunft fallen hier im Jetzt zusammen. Der Mensch, der in einem radikalen Durchbruch seine Mitte gefunden hat, wirkt durch sein Handeln von dorther und das nicht bloß in einer quantifizierbaren Zeitlichkeit, er wirkt – schon wieder ein Bild! – „in die Ewigkeit", in die Zukunft und in die *Vergangenheit.* Verändert unser heutiges Handeln dann also auch das, was schon gewesen ist? Erfährt das gesamte Bild, das unsere Welt darstellt, dadurch eine neue Interpretation?

Epilog

Ein Märchen

Vor allen Zeiten schuf Gott aus der Tiefe seines Schweigens die Welt und in ihr die Erde mit Pflanzen, Tieren, Mensch und Gestein. Gott war alle Dinge und alle Dinge waren Gott. Ahnend erlebte sich der Mensch in seinem Inneren als Selbst. Doch vom Selbst wird er sich einst lösen dürfen, um so arm zu werden, wie er war, da er noch nicht war.

*

Das Selbst war ganz bei sich und zögernd, ganz zögernd wendete es sich nach außen. Staunend stand es da vor einer Fülle von Eindrücken und Empfindungen. Es schaute und das Geschaute wandelte sich ihm zu einem leuchtenden lebendigen Bild. In diesem Bild gab es herrliche Farben und Formen. Unter den Händen von Menschen, die sich Künstler nannten, entstanden Gemälde von berührendem Ernst und fröhlicher Anmut. Aber sie schufen auch schöngeformte Figuren aus

Marmor, Stein und Ton. Die Künstler sagten, daß das schöpferische Gestalten, das Verwandeln einer Idee in Sichtbares, dem Leben seinen wahren tiefen Sinn gäbe. Beglückt und stille verharrte das Selbst vor diesem Bild, um all die Schönheit in sich aufzunehmen. Doch nach und nach verblaßten die Farben, die Formen, und das Geschaute entzog sich.

Ein leiser Anhauch der Erinnerung an das Erlebte erweckte in dem Selbst die Sehnsucht, noch einmal diese Welt sehen zu wollen. Wieder war es fast betäubt von der Fülle des Angeschauten. Im Schauen entstanden jedoch Zahlen, Zeichen, Symbole, Dinge bekamen Namen, wurden gemessen, gewogen, zerteilt. Die Menschen, die solches taten, nannten sich Naturwissenschafter und sagten, daß sie auf diese Weise die Welt erklären könnten und daß sie sich mit jedem Schritt der zugrundeliegenden Realität näherten. Das Selbst wunderte sich über dieses Bild ohne Farben und Formen, aber diese Welt war faszinierend in ihrem logischen Aufbau. Man bekam auf Fragen vernünftige Antworten und man konnte sogar für die Zukunft Voraussagen treffen.
Beglückt und stille verharrte das Selbst vor dieser Welt, um über sie nachzudenken; aber das Geschaute entglitt ihm sanft.

Als das Selbst aus seinem Besinnen wieder vor die Anschauung trat, empfand es ein besonderes Gefühl, das es an seine tiefste Tiefe erinnerte, an sein Bedürfnis in sich in Gott zu sein. In dem Bild, das sich entfaltete, lebten Menschen, die in Gebeten und Gesängen Gott priesen. Aus einem heiligen Buch, das ihnen durch Ge-

bote und Verbote Halt für ihr Leben gab, erfuhren sie, wie die Welt wirklich war. Weise Männer, die die Worte des heiligen Buches weitergaben, sagten: Die Wahrheit und die Wirklichkeit sind in Gott und in seinem Willen, und wer auf dem gezeigten Weg geht, führt ein Leben zur Wahrheit.
Beglückt und stille verharrte das Selbst vor diesem Bild. Doch wie Nebel unter den Strahlen der Sonne verlor es sich und das Selbst ruhte wieder bei sich ohne Wissen um das Geschaute.

Als das Selbst sich wieder auftat und vor die Anschauung trat, entstand ein Bild, in dem Menschen über die Welt und das Sein in ihr nachdachten. Groß und weit waren die Gedanken der Philosophen, derjenigen, die die Weisheit liebten. Sie gaben viele verschiedene Antworten auf all die Fragen und jede Erklärung erschien voll Geist und zeigte eine Sicht des Seins, die von Bedeutung und besonderer Tiefe war.

Staunend erkannte das Selbst, daß es jedesmal, wenn es anschaute, aus dem Geschauten eine andere wunderbare Welt formte. Eine reiche Vielfalt von Bildern war entstanden. Jedes Bild war schön und wahr und beglückte das Selbst, wenn es aus seiner Tiefe aufsteigend Schritt für Schritt das Werden einer Welt gestaltend erlebte.

Aber es gab Menschen, die konnten sich von den schönen, leuchtenden Bildern nicht lösen, konnten ihr Wollen, Haben und Wissen nicht loslassen. Sie begannen in einer dieser selbstgebauten Welten und durch sie zu leben und sie für die Wirklichkeit, die Wahrheit, zu halten. Das Bild wurde zur einzigen Wirklichkeit, für die es sich lohnte zu leben und zu sterben. Die Menschen vergaßen ihr Selbst. Sie redeten, aber sie verstanden einander nicht. Krieg und Verderben überzogen die Erde, um der *einen* Wahrheit zum Sieg zu verhelfen.

I. WERTNER

Anmerkungen

Themenübersicht

1. Ist unser Wissen bloß eine Konstruktion?
2. Wissenschaftsgeschichte
3. Induktion und Deduktion
4. Mögliche partielle Modelle
5. Ausführliche Beispiele zum Thema empirischer Theorien
6. „Normale Wissenschaft“ und „wissenschaftliche Revolutionen“
7. Keine „Annäherung an die Wahrheit“
8. Sprachstruktur und Realitätserkenntnis
9. Gefahren einer Verabsolutierung
10. Liegen uns die Erfahrungstatsachen wirklich vor Augen?
11. Monographien zum Thema der empirisch-wissenschaftlichen Sicht

12. Einfachheit und Wahrheit
13. Probleme bei der Etablierung der empirisch-wissenschaftlichen Sicht
14. Begriffspyramide
15. Theorienetze
16. Systematisierungen
17. Feyerabends „Anarchismus"
18. Eindeutigkeitsbeweise für physikalische Erklärungen
20. Heliozentrisches und geozentrisches Weltsystem
21. Magnetismustheorien
22. Zur monolithischen Einheitlichkeit der empirisch-wissenschaftlichen Sicht
23. Perzeption der Anschauungselemente
24. Paranormale Phänomene
25. Freiheit
28. Meditation

1) Ist unser Wissen bloß eine Konstruktion? E. v. GLASERSFELD beleuchtet diese Frage mit unübertreffbaren Worten [Wirklichkeit, Seite 137 f.]:

> In der Diskussion ... wird häufig die Frage gestellt, warum überhaupt jemand ein Konstruktivist sein

will, also glauben will, daß das erkennende Subjekt sein Wissen *konstruiert*, es also nicht schlicht durch das Anschauen der wirklichen Welt gewinnt. Im Sinne des traditionellen gesunden Menschenverstandes klingt diese Frage außerordentlich vernünftig. Warum sollte in der Tat irgendjemand sich all dieser Mühe unterziehen? Die Wirklichkeit scheint so augenscheinlich, so nah, so greifbar, ja sogar so unausweichlich zu sein, daß es ganz absurd erscheint, annehmen zu wollen, daß das Subjekt sie erst für sich konstruieren müßte. Ich mache mir gar keine Illusionen, daß eine derartig allgemeine und ehrwürdige, auf gesundem Menschenverstand gegründete Überzeugung wie diese durch ein einziges einfaches Argument abgebaut werden könnte. ...

Auch der naivste der naiven Realisten wird sich irgendwann einmal fragen, wie denn all die „Informationen", die man angeblich aus der wirklichen Welt einholt, tatsächlich von dieser Außenwelt in das System eines Individuums hineinkommen, sodaß dieses Individuum schließlich eine kognitive Abbildung (Wiedergabe, Repräsentation) davon besitzt. Mit anderen Worten, man beginnt zu fragen: Wie erkenne ich? Gehört das Individuum zu unserer Kultur und hat es wissenschaftliche Neigungen, wird es sich nicht mit Introspektion zufrieden geben, sondern andere Organismen zu beobachten beginnen, um festzustellen, wie denn diese Organismen *ihre* Umwelt erkennen, die sie ebenso stillschweigend, aber irrtümlich mit *der* Welt schlechthin gleichsetzen. ...Da man nicht wirklich in einen Organismus, den man beobachtet, hineinkriechen kann, formuliert oder baut man ein Modell dieses Prozesses des „Erkennens". Und genau darum bemühen sich seit jeher Wahrnehmungsforschung und Neuro-Wissenschaften. Nach den mehr oder weniger akzeptierten zeitgenössischen Modellen gibt es Dinge wie „Rezeptoren", „Aktionspotentiale", „neuronale Netzwerke", und „rezeptive Felder", die aus den Nervenaktivitäten eine „Abbildung" errechnen. ... Was immer ein Beobachter darüber sagt, es kann kein Zweifel an der Tatsache bestehen, daß der Organismus nur aus den ihm verfügbaren Daten eine Abbildung *konstruieren* kann. ...

An der Annahme, daß Organismen Abbildungen ihrer Welt, ihrer Umgebung, oder wie immer man das, was außerhalb liegt, nennen will, konstruieren, scheint also einfach kein Weg vorbeizuführen. Mit anderen Worten, man *muß* die Aktivität der Konstruktion annehmen, ob man nun ein Konstruktivist sein will oder nicht.

An diesem Punkt können Naturwissenschaftler nicht stehen bleiben. Wie immer mißtrauisch oder argwöhnisch sie Fragen mit philosophischem Beigeschmack gegenüberstehen mögen, früher oder später werden sie sich gezwungen sehen zu fragen, wie adäquat, korrekt, oder „wahr" denn nun die Repräsentation einer Außenwelt ist, wie sie die Organismen in ihrem Inneren konstruieren können. Sobald sie diese Frage stellen, sind sie zum Kern der traditionellen Erkenntnistheorie vorgestoßen. ... (Man sieht sich dabei außerstande, auf Grund der Voraussetzung) präexistenter „objektiver" Strukturen die Frage zu beantworten, wie wir denn jemals wissen können, daß die Abbildung innerhalb des Organismus wirklich mit der präexistierenden Welt *übereinstimmt*, die sie abbilden soll. ... Es ist unmöglich deshalb, weil die Prüfung, ob unsere Repräsentation ein „wahres" Bild der Realität ist, voraussetzt, daß wir nicht nur zu unserer Repräsentation, sondern auch zu jener Realität draußen Zugang haben müssen, *bevor* wir diese erkennen. Und da der einzige Weg, auf dem wir eben dieser Realität begegnen können, genau der Weg ist, den wir ja erst prüfen und verifizieren möchten, gibt es keinen möglichen Ausweg aus diesem Dilemma. ...

Entsprechend der radikal konstruktivistischen Sicht dürfen wir niemals sagen, daß unser Wissen in dem Sinne „wahr" ist, daß es eine ontologisch reale Welt widerspiegelt. ... Es kann unzählige andere Konstrukte geben, die ebenso viabel gewesen wären wie dasjenige, das wir erzeugt haben.

In unserem Essay wird an Hand von *einfachsten* Beispielen davon gesprochen, wie man vorgeht, wenn man zu einer empirisch-wissenschaftlichen Sicht finden will. (Eine ausführliche Analyse dieser Frage ist in FASCHING [Gegenwurf] dargestellt.) Erstaunt stellt man dabei fest, daß man unversehens vor mehreren „Mosaikbildern" steht und daß man von keinem sagen kann, es wäre das „wahre Bild der einen Realität". Von einer inhärenten Priorität der Methode und von einer Einzigartigkeit des damit gewonnenen Bildes ist nichts zu sehen. Im Gegenteil: Unser Selbst steht vor seiner Anschauung und eine ungeheure Fülle drängt zu einer

Vielfalt von Bildern. Öffnet sich hier gleichzeitig auch ein Weg in Bereiche der Versenkung und in Bereiche des meditativen Nachsinnens? Die Essays wollen versuchen, einen Blick aufs Ganze zu werfen. Daß diese Essays mit ihren einfachen Beispielen keine Epistemologie aufspannen wollen, versteht sich wohl von selbst. Denn von Details soll hier abgesehen werden.

2) Wissenschaftsgeschichte. „Die älteren Wissenschaftsgeschichten und -kurzgeschichten wurden geschrieben, um das Verständnis der zeitgenössischen wissenschaftlichen Methode oder Begriffe durch die Darlegung ihrer Entwicklung zu klären und zu vertiefen. Ihr Hauptzweck war also didaktisch-pädagogischer Art: Sei es ein speziell wissenschaftsdidaktisches Interesse, daß Studenten an den jeweils aktuellen Wissensstand ihres Faches herangeführt werden sollten, sei es allgemeiner, daß nutzbringende Lehren aus der Entwicklung des wissenschaftlichen Denkens gezogen werden sollten. ...Die konzeptionell so organisierte ältere Wissenschaftshistoriographie erzeugte eine Vorstellung von der Wissenschaftsentwicklung mit folgenden zwei Charakteristika. Erstens ist die Wissenschaftsgeschichte eine *Fortschrittsgeschichte*: Der stetig fortschreitende Triumpf der ‚Vernunft', der ‚wissenschaftlichen Rationalität', der ‚wissenschaftlichen Methode'. Zweitens ist dieser Fortschritt *kumulativ*: eine stete Addition von Elementen neuen Wissens in bald größeren, bald kleineren Stücken. Das neu gewonnene Wissen tangiert dabei das schon erworbene Wissen niemals wesentlich in seiner Geltung; allenfalls werden überzogene Wissensansprüche korrigiert, die aber als solche niemals wirklich der Wissenschaft angehörten."

...In jenen Fällen, bei denen gewisse Wissenschaftsinhalte in der jeweils gegenwärtigen Wissenschaft neuerdings doch nicht mehr vorhanden sind, wurden sie „als Irrtum, Aberglaube, Mythos etc., also als schlecht betriebene Wissenschaft oder als Vorwissenschaft" diskreditiert. (HOYNINGEN-HUENE [Kuhn, Seite 25 ff.])

An dieser Form der älteren Wissenschaftshistoriographie und an dieser damit verbundenen naiven Sichtweise wird insbesondere seit den bahnbrechenden Arbeiten KUHNs immer stärker Kritik geübt.

3) Induktion und Deduktion sind Verfahren um neue Erkenntnisse zu gewinnen. Sie sind die beiden methodologischen Pole, die sich gegensätzlich gegenüberstehen und in ihrer Anwendung ergänzen.

Die Deduktion ist eine analytische Ableitung des Besonderen und Einzelnen aus einem Allgemeinen. Aus einem allgemein gültigen Gesetz wird also auf einen herausgegriffenen Einzelfall geschlossen, ohne daß irgend etwas hinzugefügt wird, was nicht schon vorher im Allgemeinen enthalten war.

Die Induktion dagegen ist die wissenschaftliche Methode, die vom besonderen Einzelfall auf das Allgemeine, also auf das Gesetzmäßige schließt. Gerne sieht man die Forschung in induktiv-deduktiven Schritten vorankommen, indem sie (deduktive) Schlüsse aus zuvor aufgestellten (induktiven) Verallgemeinerungen verwendet und an der Erfahrung prüft und so die induktive Verallgemeinerung verifiziert. (Dieser *philosophische* Begriff der Induktion darf nicht mit dem *mathematischen* Begriff der Induktion – den „Schluß von n auf n+1" – verwechselt werden.)

4) Mögliche partielle Modelle: Der Erfinder einer Theorie steckt in einer viel schwierigeren Situation als der Anwender. Der Erfinder steht nämlich vor einer Unzahl von Beispielen, die er zunächst nur in einer Sprache beschreiben kann, die die typischen Spezialbegriffe, die später einmal in seiner Theorie erstmalig vorkommen werden, noch nicht enthält. Er muß beides – die Gesetzmäßigkeiten *und* die Spezialbegriffe – in einem einzigen Geburtsakt hervorbringen. Das macht das Erfinden neuer Theorien so schwer und läßt sie hinterher, wenn man die Spezialbegriffe einmal kennt, so einfach und selbstverständlich erscheinen.

Der Erfinder der Theorie steht also vor einer Menge „möglicher *partieller* Modelle" M_{mp} und muß sie durch geeignete Spezialbegriffe (T-theoretische Begriffe) *und* durch erstmalig erkannte gesetzliche Bedingungen ergänzen, um zu seinem theoretischen Apparat der Theorie (M) zu finden.

Vorausschauend sei gesagt, daß hier die Keimzelle jenes methodischen Vorganges ist, durch den jetzt auf methodenadäquate Weise gewisse Anschauungselemente aufgegriffen werden, die später zu einem methodischen Denkmuster verarbeitet werden. Die aufgegriffenen Anschauungselemente führen zu einem überzeugenden Denkmuster, welches zuletzt deutlich vor uns steht; die gleichzeitig damit vernachlässigten Anschauungselemente verbleiben dagegen unstrukturiert und sind damit „uninteressant".

5) Ausführliche Beispiele zum Thema empirischer Theorien. Bei BALZER [Theorien] findet man Beispiele aus einem weiten Bereich empirischer Theorien. Es werden insbesondere dargestellt:

a) Psychologie von FREUD,
b) Mikroökonomie,
c) klassische Mechanik und
d) spezielle Relativitätstheorie.

Explizit werden hierfür die Menge der Modelle, die Menge der möglichen Modelle, die Menge der intendierten Anwendungen und die Menge der paradigmatischen Anwendungen herausgearbeitet. Die Probleme der theoretischen Terme, die RAMSEY-Satz-Methode, sowie Fragen der Constraints werden dargestellt. Solche Details gehen für unsere Überlegungen natürlich zu weit.

6) „Normale Wissenschaft“ und „wissenschaftliche Revolution“ sind Phasen der Wissenschaftsentwicklung, die durch die Arbeiten von T. S. KUHN erstmals in das Zentrum der Aufmerksamkeit gerückt wurden. KUHNs Buch [Struktur] ist heute bereits ein Klassiker der Wissenschaftsphilosophie und hat einen umwälzenden Wandel in wissenschaftshistorischer Sicht gebracht.

„In der Entwicklung der reifen Wissenschaften gibt es zwei alternierende Phasen: normale und revolutionäre Wissenschaftsentwicklung. Die normale Wissenschaft ist von einem breiten Konsens der entsprechenden Gemeinschaft getragen; das Wissen über eine bestimmte Erscheinungswelt wächst kumulativ; ihre Forschungspraxis weist frappante Ähnlichkeiten mit dem Lösen von Rätseln auf. Doch produziert die normale Wissenschaft immer wieder Anomalien, die mehr oder weniger tiefgreifende Revisionen ihrer sie leitenden Reglementierungen erzwingen. Diese destruktiv-konstruktiven Episoden der Wissenschaftsentwicklung sind die Kuhnschen Revolutionen. Revolutionen variieren beträchtlich in ihrem Ausmaß. Unerwartete Entdeckungen können manchmal durch kleine Änderungen der theoretischen, oft nur impliziten Erwartungen assimiliert werden, ohne daß der formale Teil der akzeptierten Theorien geändert werden müßte. Bei größeren Revolutionen werden Theorien ganz verworfen und neue Theorien treten an ihre Stelle.

Charakteristisch für Revolutionen ist eine Änderung weltkonstitutiver Ähnlichkeitsrelationen. Damit ändert sich zugleich die jeweilige Erscheinungswelt und Teile des empirischen Vokabulars, mit dem diese Welt beschrieben wird, mitsamt dem ihm impliziten Wissen. Diese Änderungen, zusammenfassend charakterisiert durch den Begriff der Inkommensurabilität, machen Revolutionen zu komplexen Abläufen mit einem diffizilen Ineinander von Kontinuität und Diskontinuität. Keineswegs geht es im Kuhnschen Bilde bei Revolutionen vorwiegend irrational zu. Vielmehr gibt es Phasen vernünftig zu begründender Meinungsunterschiede, die schließlich, nachdem das entsprechende Gebiet von verschiedenen Standpunkten aus genauer untersucht worden ist, unter dem Druck von Argumenten einem neuen Konsens und damit einer neuen Phase normaler Wissenschaft Platz machen. Revolutionen bringen der jeweiligen Disziplin wissenschaftlichen Fortschritt und zwar hinsichtlich der Genauigkeit und Zahl erreichter Problemlösungen. Von der Vorstellung, das wissenschaftliche Wissen komme in einem ontologischen Sinn ‚der Wahrheit' immer näher, ist dagegen Abschied zu nehmen" schreibt HOYNINGEN-HUENE [Kuhn, Seite 256].

7) Keine „Annäherung an die Wahrheit". Die wissenschaftshistorischen Analysen KUHNs zeigen, daß die Wissenschaftsentwicklung in einem *bestimmten* Sinn *keinen* Fortschritt aufweist, „nämlich im Sinn einer Annäherung an die Wahrheit. ... Analog zur Darstellung der Phylogenese in der Darwinschen Evolutionstheorie (ist) die Wissenschaftsentwicklung kein Prozeß, der sich auf ein im Voraus bestehendes Ziel hinbewegt, sondern eine Entwicklung, bei der der Grad von Spezialisierung und Artikulation des wissenschaftlichen Wissens wächst" schreibt HOYNINGEN-HUENE [Kuhn, Seite 254 f.]. Man kommt sogar zu der Auffassung, „daß die Vorstellung der Wissenschaftsentwicklung als einer Annäherung an die Wahrheit nicht nur unnötig, sondern sogar unhaltbar ist. ... Betrachtet man ... tatsächliche historische Abfolgen von Theorien, beispielsweise die Folge von Aristotelischer Physik, Newtonscher Mechanik und Einsteinscher Allgemeiner Relativitätstheorie, so weist nach Kuhn nichts auf eine Konvergenz ihrer Ontologien hin. Ganz im Gegenteil: in bestimmter Hinsicht ist die Ontologie der Relativitätstheorie der des Aristoteles näher als der Newtons. Theorienimmanent läßt sich demnach keine ontologische Konvergenz und damit auch keine Annäherung an die Wahrheit feststellen. ... Der Fortschritt der Wissenschaft kann demnach nicht als eine Annäherung an die Wahrheit interpretiert werden, sondern nur als eine Verbesserung des wissenschaftlichen Wissens in einem instrumentellen Sinn."

8) Sprachstruktur und Realitätserkenntnis. Die Vorstellung, daß wir in unserem Denken vor mehreren Denkmustern stehen können, wirkt im ersten Moment beunruhigend. Denkmuster, die wie verschiedene Bilder nebeneinander stehen und die sich doch auf das gleiche beziehen. Auf welches dieser Denkmuster soll man sich verlassen? E. v. GLASERSFELD weist hierzu auf den engen Zusammenhang zwischen Sprache und vermeintlicher „Realitäts"-Erkenntnis hin [Wirklichkeit, Seite XII]:

> Eine Muttersprache haben heißt stillschweigend annehmen, daß die Art und Weise, in der diese Sprache die Erlebniswelt aufteilt, ordnet und beschreibt, selbstverständlich der wirklichen Wirklichkeit entspricht. Je tiefer ein Denker in seiner Muttersprache verankert ist, umso schwerer ist es für ihn, die Möglichkeit in Betracht zu ziehen, daß andere die Welt auf andere Weise sehen, kategorisieren und somit *erkennen* könnten. Ist man hingegen *zwischen* mehreren Sprachen aufgewachsen, hat in jeder von ihnen gelebt, dann hat man sich daran gewöhnt, von der einen Begriffswelt in die andere umzuschalten. ...Kommt man dann dazu, über die Mehrzahl dieser Erlebniswelten nachzudenken, dann kann man nicht umhin, festzustellen, daß keine von ihnen eine Begriffsstruktur haben kann, die privilegierten Zugang zu jener unabhängigen ontischen Wirklichkeit hätte, von der die Philosophen seit jeher träumen.

Mehrfachdenkmuster im Bereich der Naturwissenschaft sind analog zur vielfältigen Interpretationsmöglichkeit eines Gedichtes. E.v.GLASERSFELD schreibt in seiner Publikation über den Begriff der Interpretation [Wirklichkeit, Seite 96]:

> ...daß es nicht möglich ist festzustellen, ob eine Textinterpretation „korrekt" ist. Auch wenn wir noch so viele verwandte Texte heranziehen und noch so viele Interpretationen anderer Leser oder Kritiker bzw. Wissenschaftler interpretieren, können wir niemals die *eine*, einzig wahre Bedeutung eines Textes feststellen, und schon gar nicht jene, die mit der vom Autor intendierten Bedeutung übereinstimmt. Durch direkte Interaktion lassen sich sicherlich bestimmte Interpretationen als nicht länger haltbar eliminieren, dadurch wird aber keine der übrig bleibenden mit dem Siegel der Einzigartigkeit oder Korrektheit versehen. ...

Diese Sachlage ist analog der in den Naturwissenschaften. Wie gut auch immer eine Theorie im Sinne gewisser Zielsetzungen funktioniert – Erklärung, Vorhersage und Kontrolle –, es läßt sich prinzipiell nie beweisen, daß diese Theorie eine ontologisch gegebene Realität beschreibt oder mit dieser übereinstimmt, noch läßt sich beweisen, daß sie die einzig mögliche Interpretation der Erfahrungen der Naturwissenschaftler bietet.

E. v. GLASERSFELD grenzt seinen radikalen Konstruktivismus gegen den Realismus in deutlichen Worten ab [Wirklichkeit, Seite 106 f.]:

> Der entscheidende Unterschied zwischen dem Realisten und dem Konstruktivisten liegt ...nicht darin, daß der eine seine kognitiven Strukuren über die Erfahrungsschnittstelle hinausprojiziert und der an-

dere nicht, der Unterschied liegt darin,daß der Realist glaubt, seine Konstrukte seien eine Kopie oder Widerspiegelung unabhängig von ihm existierender Strukturen, während der Konstruktivist sich der Rolle des erfahrenden Subjekts als des Urhebers aller Strukturen bewußt bleibt. ...

Konservativen Denkern fällt es offenbar außerordentlich schwer, den Begriff des „Wissens" von der Fiktion „absoluter Existenz" zu trennen und einzusehen, daß diese erkenntnistheoretisch notwendige Trennung keinesfalls den Untergang „der Wissenschaft" nach sich zieht.

9) Gefahren einer Verabsolutierung. Immer unüberhörbarer werden heute allerdings die Stimmen der Mahner, die sich gegen eine solche verabsolutierte naturwissenschaftlich-technische Sicht wenden und die auf ihre unvermeidlichen Verarmungstendenzen hinweisen:

ALTNER [Wirklichkeitserfahrung], [Fortschrittsprozeß], [Überlebenskrise], [Theologie];
CHARGAFF [Alternativen], [Warnungstafeln], [Geheimnis];
DAHL [Verwegenheit], [Verwüstung], [Illusion];
FISCHER [Erkenntnishoffnungen];
HOMMES [Erfahrungsverlust];
ILLIES [Wissenschaft];
JONAS [Forschung], [Verantwortung];
KAMPITS [Wertfreiheit];
LUTZENBERGER [Anfragen];
MÜLLER [Grundlagenkrise];
PIETSCHMANN [Zeitalter];

REVERS [Psychologie], [Realitätsbewußtsein];
RIEDL [Spaltung], [Erkenntnis], [Begriff];
TENBRUCK [Wissenschaft];
WEIZENBAUM [Wissenschaft].

„Die Gefahr geht aus von der Überdimensionierung der naturwissenschaftlich-technisch-industriellen Zivilisation. Was wir das BACONische Programm nennen können, nämlich das Wissen auf Herrschaft über die Natur abzustellen und die Herrschaft über die Natur für die Besserung des Menschenloses nutzbar zu machen, hat zwar in der kapitalistischen Durchführung von Anfang an weder die Rationalität noch die Gerechtigkeit besessen, mit denen es an sich vereinbar gewesen wäre; aber seine notwendig zur Maßlosigkeit der Produktion und des Konsums führende Erfolgsdynamik hätte bei der Kurzfristigkeit menschlicher Zielsetzung, ja der wirklichen Unvorhersehbarkeit der Ausmaße des Erfolgs, vermutlich jede Gesellschaft überwältigt (denn keine besteht aus Weisen). ...

Die Katastrophengefahr des BACONischen Ideals der Herrschaft über die Natur durch die wissenschaftliche Technik liegt also in der Größe seines *Erfolgs*. Dieser ist in der Hauptsache zweifacher Art, ökonomisch und biologisch: ihr notwendig zur Krise führendes Verhältnis untereinander liegt heute offen zutage. Der lange allein gesehene ökonomische Erfolg war vermehrte per capita Güterproduktion nach Menge und Arten, mit Verringerung menschlichen Arbeitsaufwands, daher erhöhter Wohlstand zunehmend Vieler, ja selbst unfreiwillig erhöhter Verbrauch Aller innerhalb des Systems – also enorm gesteigerter Stoffwechsel des sozialen Gesamtkörpers mit der natürlichen Umwelt. Dies allein hatte seine Gefahren der Überanstrengung endlicher Naturvorräte. ...Aber diese Gefahren sind potenziert und beschleunigt durch den zuerst wenig wahrgenommenen biologischen Erfolg: das zahlenmäßige Anschwellen eben dieses stoffwechselnden Kollektivkörpers, das heißt die exponentielle Vermehrung der Bevölkerung im Auswirkungsbereich der technischen Zivilisation, also neuerdings über den ganzen Planeten hinweg. Nicht nur, daß dies die Rate der ersteren Entwicklung nochmals, sozusagen von außen, beschleunigt und ihren Effekt multipliziert, es nimmt ihr beinah auch die Möglichkeit, sich selber Halt zu gebieten. Eine statische Bevölkerung könnte an einem bestimmten Punkt sagen: Genug!, aber eine wachsende steht unter dem Zwang zu sagen: Mehr! Heute beginnt erschreckend klar zu werden, daß der biologische Erfolg nicht nur den ökonomischen in Frage stellt, also vom kurzen Fest des Reichtums wieder zum chronischen Alltag der Armut zurückführt, sondern auch zu einer akuten Menschheits- und Naturkatastrophe ungeheuerlichen Ausmaßes zu führen droht. Die Bevölkerungsexplosion, als planetarisches Stoffwechselproblem gesehen, nimmt dem Wohlfahrtsstreben das Heft aus der Hand und wird eine verarmende Menschheit um des nackten Überlebens willen zu dem zwingen, was sie um des Glückes willen tun oder lassen konnte: zur immer rücksichtsloseren Plünderung des Planeten, bis dieser sein Machtwort spricht und sich der Überforderung versagt. Welches Massensterben und Massenmorden eine solche Situation des ‚rette sich, wer kann‘ begleiten werden, spottet der Vorstellung. Die so lange durch Kunst hintangehaltene Gleichgewichtsgrenze der Ökologie, die im Naturzustand das Überhandnehmen jeder einzelnen Art verhindert, werden ihr umso schrecklicheres Recht fordern, gerade wenn man ihnen das Extrem ihrer Toleranz abgetrotzt hat. Wie danach ein Menschheitsrest auf verödeter Erde neu beginnen mag, entzieht sich aller Spekulation. ...

Der endgültig entfesselte Prometheus, dem die Wissenschaft nie gekannte Kräfte und die Wirtschaft den rastlosen Antrieb gibt, ruft nach einer Ethik, die durch freiwillige Zügel seine Macht davor zurückhält, dem Menschen zum Unheil zu werden" schreibt JONAS [Verantwortung, Seite 251 ff. und 7]. *Bremsen, schützen, bewahren* und eine Entwicklung *verhindern*, die zum Untergang der Menschheit führt und einen Großteil der Schöpfung mitreißt, ist also unsere vordringlichste Aufgabe.

10) Liegen uns die Erfahrungstatsachen wirklich vor Augen? An dieser Stelle sei auf das bemerkenswerte Buch von L. FLECK [Tatsache] verwiesen. Er erläutert an Hand medizinischer Beispiele die *Entstehung und Entwicklung einer wissenschaftlichen Erfahrungstatsache.* Ein großer Teil seiner Arbeit bezieht sich auf die Probleme der Begriffs-Theorie-Verflechtungen während des Prozesses der wissenschaftlichen Forschung. Pointiert schildert er [Tatsache, Seite 91] jene oft vertretene simplifizierte Auffassung:

> Es besteht ein sehr verbreiteter Mythus über Beobachtung und Experiment. Das erkennende Subjekt figuriert als eine Art Eroberer vom Typ *Ju-*

lius Cäsars, der nach der Formel *veni-vidi-vici* seine Schlachten gewinnt. Man will etwas wissen, man macht die Beobachtung oder das Experiment – und schon weiß man es. Selbst Forscher, die manche Kämpfe gewannen, glauben dieses naive Märchen, wenn sie retrospektiv ihre eigenen Arbeiten betrachten.

Höchstens wird zugegeben, die erste Beobachtung sei eventuell etwas ungenau, während die zweite oder dritte bereits den „Tatsachen angepaßt" wäre. So einfach liegen die Verhältnisse nur in manchen sehr begrenzten Gebieten, z.B. heute in der Mechanik, die über sehr alte und sehr verbreitete alltägliche Tatsachen verfügt. In neueren, entfernteren, noch verwickelten Gebieten, wo es darauf ankommt, erst sehen und fragen zu lernen, ist es anders (und wahrscheinlich war es ursprünglich auf allen Gebieten anders), bis Tradition, Erziehung und Gewöhnung *eine Bereitschaft für stilgemäßes, dh. gerichtetes und begrenztes Empfinden und Handeln hervorrufen.* Bis in der Frage die Antwort größtenteils vorgebildet ist und man sich nur für ein Ja oder Nein, oder für ein zahlenmäßiges Feststellen entscheiden muß. Bis Methoden und Apparate den größten Teil des Denkens für uns von selbst ausführen.

Eine Aufsehen erregende Publikation von ROSENHAN [Umgebung, Seite 111 f.], der an der Stanford-Universität wirkt, berührt gleichfalls das Thema, *auf welche Weise wissenschaftliche Erfahrungstatsachen entstehen.* Hier geht es um die Frage, ob es Normalsein und Irresein gibt und wie man beide unterscheiden könnte. Er berichtet über ein Experiment, wo man *normale* Menschen in psychiatrische Kliniken einliefert und dann prüft, ob sie als geistig gesund auffallen und, falls ja, wodurch. Mit diesem Versuch wollte man die in jüngster Zeit immer wieder laut werdende Ansicht durchleuchten, daß psychiatrische Diagnosen nur im Gehirn des Beobachters existieren und daß sie keine gültige Zusammenfassung von Charakteristika sind, die der Beobachtete offenbart. Man kommt in dieser Untersuchung zu der Auffassung [Umgebung, Seite 134], daß man in psychiatrischen Kliniken Gesunde *nicht* von Geisteskranken unterscheiden kann. Die Anstalt *selbst* erschafft eine besondere Wirklichkeit, in der die Bedeutung von Verhaltensweisen leicht falsch verstanden wird. Die Arbeit von ROSENHAN zitiert auch umfangreiches einschlägiges Schrifttum.

11) Monographien zum Thema der empirisch-wissenschaftlichen Sicht. In der Publikation FASCHING [Gegenwurf] ist eine ganze Reihe einschlägiger Textstellen zitiert, die sich mit diesen Fragen ausführlich befassen. An erster Stelle sind hier
CARNAP [Begriffsbildung], [Naturwissenschaft],
HEMPEL [Erklärung],
KUHN [Struktur],
POPPER [Logik] und
STEGMÜLLER [Analyse], [Begriffsbildung], [Erklärung], [Strukturalismus], [Theoriendynamik]
zu nennen.

12) Einfachheit und Wahrheit. Die Einfachheit der Naturgesetze wird manchmal sogar für ein Wahrheitskriterium gehalten. Interessante Bemerkungen zu die-

ser Frage findet man bei
EINSTEIN [Evolution, Seite 29, 195],
HEISENBERG [Teil, Seite 138], [Grenzen, Seite 296],
HEITLER [Erkenntnis, Seite 7],
KUHN [Kopernikus, Seite 185]
PLANCK [Abhandlungen, Seite 258],
POINCARÉ [Wissenschaft, Seite 32] und
SCHULZE [Einfachheitsprinzip].
Heute irrational anmutende Einfachheits- und Symmetrieüberlegungen werden manchmal als Reste eines neuplatonischen Sinnes für mathematische Harmonien gedeutet [Kopernikus, Seite 186]. GOETHEs Bemerkung aus dem Jahre 1785 [Naturwissenschaft II, Seite 413] wirkt im Gegensatz dazu eher ernüchternd: „Sie werden dasjenige, was sie am bequemsten denken, ... für das Gewisseste und Sicherste halten... "

13) Probleme bei der Etablierung der empirisch-wissenschaftlichen Sicht. Einige Besonderheiten dieser Probleme seien herausgegriffen und kurz beleuchtet:

a) Bei komparativen und quantitativen Begriffen ist die Gültigkeit der Begriffsbildung an die Erfüllung einer ganzen Reihe von Postulaten gebunden. Erst wenn sichergestellt ist, daß diese Postulate erfüllt sind, ist der betreffende Begriff wissenschaftlich verläßlich und einwandfrei gebildet. Diese Postulate enthalten aber Allquantoren, das heißt die Postulate sind an *allen* Objekten zu überprüfen, was aber kaum möglich ist. Soferne aber die Gültigkeit solcher Postulate bloß vermutet wird, sind auch die damit voreilig gebildeten Begriffe *unverifizierte hypothetische Verallgemeinerungen.*

b) Bei quantitativen Begriffen und bei Größenbegriffen

spielt die sogenannte Einheitenregel eine Rolle. Hier wird einem Standardobjekt (einer „Einheit“) per Konvention ein rationaler Zahlenwert (z.B. $r = 1$) zugeordnet. Solche Einheiten dürfen sich natürlich nicht unkontrollierbar verändern. Erst wenn *das* sichergestellt ist, ist ein quantitativer Begriff im wissenschaftlichen Sinn gültig definiert. Man wird zum Beispiel für die Zeitmetrisierung nur einen exakt periodischen Vorgang zum „Auspendeln“ eines Zeitintervalles verwenden. Woran kann man aber – bevor man noch die Zeit metrisiert hat – erkennen, daß ein periodischer Vorgang wirklich „exakt“ periodisch ist?

c) Bei quantitativen Begriffen und bei Größenbegriffen spielt auch das Additivitätsprinzip

$$f(x \circ y) = f(x) + f(y),$$

welches gleichfalls experimentell sicherzustellen ist, eine entscheidende Rolle. Das Symbol „$\circ$“ ist hierin ein spezielles Zeichen für die Durchführung einer Operation genau definierter Art zur Kombination physischer Objekte zur Bildung eines neuen physischen Objektes (oder auch Vorganges). Das Additivitätsprinzip sagt aus, daß dem Zahlenwert eines Kombinationsobjektes (-vorganges) die Summe der Zahlenwerte der Einzelobjekte (-vorgänge) zugeordnet wird. (Beispiel: Die Gesamtlänge hintereinander liegender Stäbe ist gleich der Summe der Einzellängen.) Dieses Prinzip erscheint trivial. Entsprechend groß ist dann auch die Überraschung und Verwunderung, wenn es einmal nicht erfüllt ist. Das Additivitätsprinzip ist bei Geschwindigkeiten nicht erfüllt, was bekanntlich zum Sturz der Newtonschen Theorie und zur Aufstellung der Relativitätstheorie beigetragen hat.

d) Probleme bereitet auch das Kommensurabilitätsprinzip. Dieses Prinzip stellt sicher, daß beliebige Objekte auch wirklich mit dem Standardobjekt (der „Einheit", z.B. Meter) verglichen werden können. Messen wird auf den Prozeß des Zählens zurückgeführt und es liefert grundsätzlich einen *rationalen* Zahlenwert. Das Auftreten irrationaler Zahlenwerte ($\sqrt{2}$, π, e, ...) im Bereich empirisch-wissenschaftlicher Aussagen deutet auf theoretische Idealisierungen hin. Ähnlich wird man auch die Forderung nach Stetigkeit und Differenzierbarkeit, die in allen naturwissenschaftlichen Bereichen immer wieder gestellt wird, zu bewerten haben.

e) Probleme besonderer Art bereitet auch die eigentliche Messung. Es zeigt sich nämlich, daß Meßwerte grundsätzlich streuen, weshalb man auf statistische Meßwerthypothesen zurückgreifen muß. In jede Form empirischer Erfahrung gehen dadurch statistische Überlegungen ein; gerade das führt aber auf ein besonders komplexes wissenschaftstheoretisches Problem, welches sich im Bereich der Erklärungen und Voraussagen auswirkt.

f) Es gibt Theorien T, in denen zwei verschiedene Begriffsarten vorkommen: „Nicht-theoretische Begriffe" (das sind Begriffe, die sich unabhängig von dieser Theorie T bestimmen lassen) und sogenannte „T-theoretische Begriffe" (das sind Begriffe, die sich nur dann bestimmen lassen, wenn man die Gültigkeit der Theorie T voraussetzen kann). Theorien sind grundsätzlich empirisch zu überprüfen und man steht dabei vor folgendem Problem: Bei der erstmaligen Überprüfung von T setzt man (für die Bestimmung der T-theoretischen Begriffe) bereits die Gültigkeit von T voraus. Solche Theorien sind also empirisch nicht interpretierbar. (Im Newtonschen Gesetz $F = m \cdot \frac{dv}{dt}$ ist $\frac{dv}{dt}$ ein nicht-theoretischer Begriff, F und m sind dagegen T-theoretisch.)

g) In jede Form der empirischen Erfahrung gehen wegen des unvermeidlichen Messens statistische Überlegungen ein. Darüberhinaus sind heute statistische Gesetze ein unverzichtbarer Bestandteil der Naturwissenschaft. Das Paradigma der Erklärung muß daher auch statistische Erklärungen umfassen. Es zeigt sich, daß statistische Erklärungen in eine epistemische Relativität führen. Das bedeutet, daß zwei verschiedene statistische Erklärungen mit *wahrem* Explanans zu Konklusionen führen können, die das Gegenteil voneinander behaupten und das in beiden Fällen mit hoher Sicherheit. Eine Analyse dieses Phänomens zeigt, daß unter gewissen Bedingungen rational akzeptierbare statistische Erklärungen möglich sind, die allerdings an die jeweilige Wissenssituation K gebunden sind. Die Kumulativität des Wissens ist hierdurch aber unterbrochen.

Es ist verständlich, daß sich an solchen neuralgischen Punkten umfangreiche Diskussionen entzündet haben, die zum Teil heute noch nicht abgeschlossen sind.

14) Begriffspyramide. Man gliedert die Begriffe in klassifikatorische, komparative, quantitative Begriffe und Größenbegriffe. Die klassifikatorischen Begriffe sind die einfachsten, die Größenbegriffe sind die informativsten Begriffe. Die Begriffe bauen aufeinander auf und bilden in ihrer Gesamtheit eine ganze Begriffspyramide (Abbildung 7). Jede Begriffsform beruht dabei auf exakt vorgegebenen Begriffsbildungsmethoden und ihre Gültigkeit ist von einer ganzen Reihe von Bedingungen, Forderungen und Postulaten abhängig. Wenn man an die Begriffsbildung herangeht, dann stellt man fest, daß das Einfließen von Hypothesen, Annahmen und Theorien unvermeidlich ist.

15) Theorienetze. Was man unter Theorien versteht, wird im ersten Essay ausführlicher gesagt. Hier möge die Bemerkung genügen, daß das einfachste Gebilde ein Theorie-Element ist. Im Theorie-Element verkörpern Modelle (M) den theoretischen Apparat der Theorie, wobei sogenannte paradigmatische Anwendungen (I_0) Hinweise geben, von welchen Anwendungen (I) die Theorie zu sprechen beabsichtigt. Umfangreichere Theorien stellen sich natürlich komplexer dar. Von einer zentralen theoretischen Grundvorstellung – dem Theorie-Element T_b – ausgehend, entwickeln sich netzartig verwobene und vermaschte Strukturen. Die Abbildung 7 zeigt in ihrem mittleren Teil ein solches Theorienetz; die kleinen Kreise stellen die erwähnten Theorie-Elemente dar.

16) Systematisierungen. Unter Systematisierungen möge man in erster Linie *Erklärungen* und *Voraussagen* verstehen, wobei man das Paradigma für rationale Erklärungen folgendermaßen umreißen könnte: Ein Ereignis E ist für unsere Person erklärt, wenn durch Auffinden geeigneter Gesetze G und geeigneter Randbedingungen A die Glaubenswahrscheinlichkeit für das Eintreten dieses Ereignissen gesteigert wurde. Die Abbildung 7 zeigt dies in ihrem oberen Teil schematisch: In der Wissenssituation K ist die Glaubenswahrscheinlichkeit für das Eintreten des Ereignissen E gleich B(E); nach Hinzufügen der Gesetze G und der Randbedingungen A verschärft sich die Wissenssituation zu $K_{G \cup A}$ und liefert eine höhere Glaubenswahrscheinlichkeit $B_{G \cup A}(E)$. (Ausführlicher wird diese Frage im ersten Essay behandelt.)

17) Feyerabends „Anarchismus“. Bemerkenswerte Ideen liest man bei PAUL FEYERABEND [Methodenzwang]. Einige herausgerissene Splitter seien zitiert:

> Vernunft und Wissenschaft gehen oft verschiedene Wege. Ein heiterer Anarchismus ist ... menschenfreundlicher und eher geeignet, zum Fortschritt anzuregen, als Gesetz- und Ordnungs-Konzeptionen [Mzw., Seite 13]. Die Geschichte der Wissenschaft besteht ... nicht bloß aus Tatsachen und Schlüssen aus Tatsachen ... Bei genauerer Untersuchung stellt sich sogar heraus, daß die Wissenschaft überhaupt keine „nackten Tatsachen“ kennt, sondern daß alle „Tatsachen“, die in unsere Erkenntnis eingehen, bereits auf bestimmte Weise gesehen und daher wesentlich ideell sind [Mzw., Seite 15]. Ein heiterer Anarchismus ist daher eher geeignet, zum Fortschritt anzuregen. Das wird sowohl durch eine Untersuchung historischer Episoden als auch durch eine abstrakte Analyse des Verhältnisses von Denken und Handeln gezeigt [Mzw., Seite 21]. Wer sich dem

reichen, von der Geschichte gelieferten Material zuwendet und es nicht darauf abgesehen hat, es zu verdünnen, um seine niedrigen Instinkte zu befriedigen, nämlich die Sucht nach geistiger Sicherheit in Form von Klarheit, Präzision, „Objektivität", „Wahrheit", der wird einsehen, daß es nur einen Grundsatz gibt, der sich unter *allen* Umständen und in *allen* Stadien der menschlichen Entwicklung vertreten läßt. Es ist der Grundsatz: *Anything goes* [Mzw., Seite 31]. Zum Beispiel kann man Hypothesen verwenden, die gut bestätigten Theorien und/oder experimentellen Ergebnissen widersprechen. Man kann die Wissenschaften fördern, indem man kontrainduktiv vorgeht [Mzw., Seite 33]. Erkenntnis in diesem Sinne ist keine Abfolge in sich widerspruchsfreier Theorien, die gegen eine Idealtheorie konvergieren; sie ist keine allmähliche Annäherung an eine „Wirklichkeit". Sie ist ein stets anwachsendes Meer *miteinander unverträglicher (und vielleicht sogar inkommensurabler) Alternativen*; jede einzelne Theorie, jedes Märchen, jeder Mythos, der dazugehört, zwingt die anderen zu deutlicherer Entfaltung, und alle tragen durch ihre Konkurrenz zur Entwicklung unseres Bewußtseins bei. Nichts wird jemals endgültig entschieden, keine Auffassung kann je aus einer umfassenden Darstellung weggelassen werden [Mzw., Seite 34].

Die Konsistenzbedingung, nach der neue Hypothesen mit anerkannten Theorien übereinstimmen müssen, ist unvernünftig, weil sie ältere und nicht bessere Theorien am Leben erhält [Mzw., Seite 39]. Und die Tatsache, daß die Konsistenzbedingung Alternativen ausschaltet, zeigt jetzt umgekehrt, daß diese Bedingung ... dem Empirismus widerspricht. Indem sie wertvolle Prüfungen ausschließt, verringert sie den ursprünglichen Gehalt der Theorien, die bleiben dürfen (und das sind, wie ich oben ausführte, gewöhnlich die Theorien, die zuerst da waren) [Mzw., Seite 47]. Theorienvielfalt ist für die Wissenschaft fruchtbar. Einförmigkeit dagegen lähmt ihre kritische Kraft. Die Einförmigkeit gefährdet auch die freie Entwicklung des Individuums [Mzw., Seite 39]. Eine einheitliche Meinung mag das Richtige sein für eine Kirche, für die eingeschüchterten ... Opfer eines (alten oder neuen) Mythos oder für die schwachen oder willfährigen Untertanen eines Tyrannen. Für die objektive Erkenntnis brauchen wir viele verschiedene Ideen. Und eine Methode, die die Vielfalt fördert, ist auch als einzige mit einer humanistischen Auffassung vereinbar [Mzw., Seite 54].

Es gibt also keinen klar formulierbaren Unterschied zwischen Mythen und wissenschaftlichen Theorien. Die Wissenschaft ist eine der vielen Lebensformen, die die Menschen entwickelt haben, und nicht unbedingt die beste. Sie ist laut, frech, teuer und fällt auf. Grundsätzlich überlegen ist sie aber nur in den Augen derer, die bereits eine gewisse Position bezogen haben oder die die Wissenschaft akzeptieren, ohne jemals ihre Vorzüge und Schwächen geprüft zu haben [Mzw., Seite 385].

Konsequenzen aus solchen Überlegungen zieht FEYERABEND in seinem Buch [Erkenntnis].

18) Eindeutigkeitsbeweise für physikalische Erklärungen. In der Publikation von SEXL [Relativitätstheorie, Seite 214] lesen wir:

> Theorien folgen nicht aus Experimenten! Die Konstanz der Lichtgeschwindigkeit ist eine *mögliche* Erklärung des Michelson-Versuches, deren Eindeutigkeit niemand nachgewiesen hat. Dazu wäre es ja notwendig, die Klasse aller möglichen physikalischen Theorien zu kennen. Einen Eindeutigkeitsbeweis gibt es für keine physikalische Erklärung und keine Theorie. Nur das Bestreben, physikalisches Wissen als völlig gesicherten Teil menschlicher Erkenntnis darzustellen, führt oft zu Darstellungen, die eine Eindeutigkeit der theoretischen Begriffe vortäuschen. Dadurch wird aber unverständlich, wieso es in der Wissenschaft zu „wissenschaftlichen Revolutionen" (KUHN [Struktur]) kommen kann, bei denen alte Tatbestände plötzlich unter völlig neuen Gesichtspunkten gesehen werden.

SCHILPP [Einstein, Seite 282] weist darauf hin, daß EINSTEIN es ausdrücklich für möglich gehalten hat, „daß beliebig viele, an sich gleichberechtigte Systeme der theoretischen Physik möglich wären".

19) Hier sollte man sich die Bemerkung von EINSTEIN in Erinnerung rufen, wonach „jede Theorie wahr ist, vorausgesetzt man verbindet ihre Symbole auf passende Weise mit beobachteten Quantitäten". (Siehe SCHRÖDINGER [Energy, Seite 170].)

Bemerkenswert sind auch die von L. KNEISSLER im Aufsatz [Theorie] angedeuteten Vorstellungen über das Wesen einer Theorie im Bereich der theoretischen

Elektrotechnik. Seine Sicht kommt den Ideen über Theorie-Elemente (siehe Anmerkung 15) sehr nahe und führen ihn zu einem Theorien-Pluralismus: „Die Naturforschung ... strebt allgemein nach mathematischer Formulierung ihrer Erkenntnisse ... Neben der mathematisch formulierten oder quantitativen Theorie spielt aber auch die nichtmathematisch formulierte oder qualitative Theorie eine bedeutende ... Rolle. Sie besteht allgemein aus Vorstellungen, Gedanken, die sie neben einzelnen Gleichungen, Tabellen usw. „nur" sprachlich formuliert ... Eine quantitative Theorie ist in der ihr zugehörigen qualitativen Theorie gleichsam eingebettet, da sie die Umstände angibt, unter denen die Gleichungen gelten ..." KNEISSLER unterscheidet streng die Vorgänge, die in der Natur ablaufen,von den ‚Denkmustern', die diese Vorgänge nachzubilden versuchen: „Die Vorgänge in der Natur und im menschlichen Geist sind zweierlei. Diese Verschiedenheit kann vom Forscher vielleicht als Enttäuschung empfunden werden. Das ursprüngliche Gefühl, dem Wirken der Natur unmittelbar nachzuspüren, weicht der Erkenntnis, daß dies nur mittels Bildern möglich ist." KNEISSLER spricht weiters davon, „daß der menschliche Geist die volle Freiheit hat, den theoretischen Gleichlauf mit dem Vorgang in der Natur nach Belieben zu gestalten ... Es ist dementsprechend durchaus möglich, daß es für ein Gebiet nicht nur eine, sondern zwei oder mehrere verschiedene aber richtige Ergebnisse liefernde Theorien gibt."

20) Heliozentrisches und geozentrisches Weltsystem. Stellen wir uns einen Beobachter vor, der sich in einem hypothetischen Planeten-Erd-und-Sonnen-System befindet. Er sei in der Lage, mit irgendwelchen Meßinstrumenten alle Abstände zwischen Sonne, Planeten und Erde exakt zu bestimmen. Nehmen wir an, er wiederholt seine Messungen monatlich und hält auf diese Weise fest, in welcher Lage sich Sonne, Planeten und Erde zueinander befinden. Unser Beobachter möge sogar mit einem Fernrohr auch die Beleuchtungsverhältnisse der Planeten registrieren. Kann er *aus diesen Messungen und Beobachtungen heraus* auf geometrischem Weg entscheiden, ob sein Weltsystem heliozentrisch oder geozentrisch ist?

Die Abbildung 12 zeigt, daß unser Beobachter unterschiedliche Systeme konstruieren kann, die in beiden Fällen seine Meßdaten richtig zusammenfassen.

a) *Im heliozentrischen (kopernikanischen) System* (oberes Teilbild) stellt er die Sonne S ins Zentrum; Erde und Planetenbahnen mögen sich als Kreise entpuppen. Die unterschiedlichen Umlaufgeschwindigkeiten kann man aus den Monatsbezifferungen entnehmen.

b) *Im geozentrischen (ptolemäischen) System* (unteres Teilbild) kann er die Sache aber auch anders auffassen. Hier steht die Erde E im Zentrum. Die Sonne umläuft die Erde auf einer Kreisbahn, die Planeten umlaufen die Erde auf Epizyklen-Bahnen. (Epizyklen sind Kreise, deren Mittelpunkte sich selbst wieder auf Kreisen bewegen.)

Man kann sich an Hand dieser Bilder ganz leicht davon überzeugen, daß die gegenseitige Lage der Himmelskörper zueinander in einem herausgegriffenen und festgehaltenen Zeitpunkt (zum Beispiel im 5. oder im

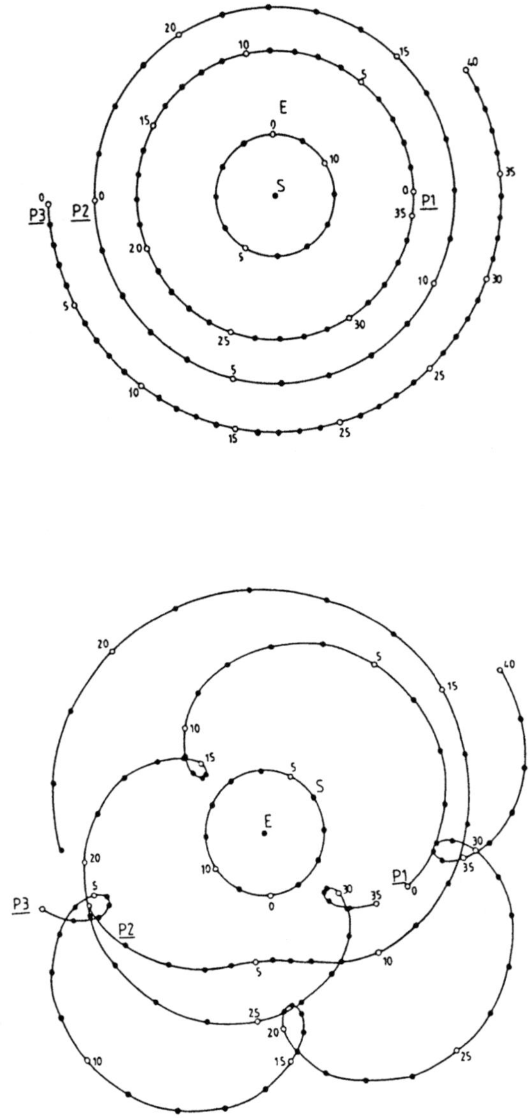

Abbildung 12

10. Monat) durch beide Systeme vollkommen gleichwertig beschrieben wird. Sogar die Beleuchtungsverhältnisse der Erde und der Planeten stimmen in beiden Bildern völlig überein.

Natürlich sind Epizyklen kompliziertere Bahnen als Kreise; aber das kann kein Argument gegen das geozentrische Bild sein. Außerdem könnte man zur Verteidigung des geozentrischen Bildes die Tatsache ins Treffen führen, daß man jederzeit, ohne eine Theorie für umdeutende Erklärungszwecke bemühen zu müssen, *mit freiem Auge beobachten kann*, daß die Planeten sich ja wirklich auf Epizyklenbahnen bewegen und daß die Sonne die Erde umkreist. (Im heliozentrischen Bild muß man dagegen die mit freiem Auge sichtbare Epizyklenbewegung bekanntlich aus den Relativbewegungen von Erde und Planet vor dem Fixsternhintergrund erklären.)

Wenn man will, kann man aber auch noch ein ganz anderes geozentrisches Bild aufstellen: Bei diesem umkreisen die Planeten (P_1, P_2, P_3) die Sonne und die Sonne – samt ihren kreisenden Planeten – umkreist die Erde. Mit Hilfe eines Zirkels kann man diese Möglichkeit ganz leicht aus der Abbildung 12 herauslesen. Diese Variante des geozentrischen Systems stammt von TYCHO DE BRAHE (1546 – 1601). Natürlich könnte man aber auch den einen oder anderen Planeten von dieser sonnenzentrierten Bewegung ausnehmen und ihm eine eigene Epizyklenbahn zuordnen. Vieles ist da möglich.

In einer ganz ausführlichen Darstellung erläutert KUHN [Kopernikus] verschiedene Mehrfachdenkmuster aus dem Bereich der antiken und modernen Astronomie. Der erstaunte Leser stellt bei der Lektüre fest, daß viele Details, die das moderne astronomische Weltbild stützen, auch das antike astronomische Weltbild gestützt haben. Und noch mehr erstaunt ist man, wenn man erfährt, daß das moderne Bild zunächst nichteinmal genauer und einfacher war – *und dennoch* hat es die kopernikanische Revolution ausgelöst [Kopernikus, Seite 186]. Beispiele für Mehrfachdenkmuster aus vielen anderen Bereichen der Naturwissenschaft findet der interessierte Leser bei KUHN [Struktur].

21) Magnetismustheorien. Das magnetische Feld magnetisierter Materie kann im Makrobereich im Rahmen der Kontinuumstheorie auf zwei verschiedene Arten gedeutet werden. Zwei verschiedene Theorien stehen gleichberechtigt nebeneinander: die Mengentheorie und die Elementarstromtheorie. Die Mengentheorie ist die Quellenfeldtheorie und die Elementarstromtheorie ist die Wirbelfeldtheorie der magnetisierten Materie.

In der *Mengentheorie* faßt man einen magnetisierten Magnetstab als Dipol auf und führt sein Magnetfeld auf magnetische Polarisationsladungen zurück. Diese magnetischen Polarisationsladungen nennt man auch magnetische Mengen oder kurz Magnetpole. Einen homogen magnetisierten Magnetstab stellt man sich dabei aus differentiell kleinen, gleich stark magnetisierten Elementarmagneten aufgebaut vor. Im Inneren des Stabes kompensieren sich die aneinanderstoßenden Pole. An den Deckflächen dagegen treten Magnetpole unkompensiert in Erscheinung, die das Magnetfeld im Außenraum bewirken.

In der *Elementarstromtheorie* greift man auf die bekannte Tatsache zurück, daß ein homogen magnetisierter Magnetstab und eine geometrisch gleich geformte, von einem elektrischen Strom durchflossene Röhrenspule im Außenraum ein gleichartiges Magnetfeld haben. Den homogen magnetisierten Magnetstab stellt man sich jetzt aus differentiell kleinen elementaren elektrischen Kreisströmen aufgebaut vor. Im Inneren des Stabes kompensieren sich die aneinandergereihten Kreisströme. An der Mantelfläche dagegen wird ein resultierender elektrischer Elementarstrom zurückbleiben, der, wie bei einer stromdurchflossenen Röhrenspule, das Magnetfeld im Außenraum bewirkt. (Die Herkunft der genannten Kreisströme bringt man mit den um die Atomkerne umlaufenden und um ihre eigene Achse rotierenden Elektronen in Verbindung. Meßtechnisch lassen sich diese an die Materie gebundenen Elementarströme natürlich nicht erfassen. Überhaupt ist auch die Vorstellung von Elektronen, die auf irgendwelchen Bahnen laufen, bekanntlich sehr mit Vorsicht zu verwenden.)

Die *Mengentheorie* und die *Elementarstromtheorie* führen, wie sich zeigen läßt auf völlig gleichartige äußere Magnetfelder. Diese Äquivalenz ist ganz allgemein aus der Theorie der Vektorfelder als „Äquivalenz von Wirbelring und Doppelschicht“ bekannt. Zwei gänzlich verschiedene Vorstellungen vom stationären Magnetfeld magnetisierter Materie stehen also gleichberechtigt nebeneinander und kommen dabei nicht mit der physikalischen Wirklichkeit in Widerspruch. Es steht einem also frei, ob man die eine oder die andere Vorstellung des Magnetismus verwenden will, nur vermischen sollte man die beiden Bilder nicht. (Eine ausführliche Analyse dieses Problems findet man bei HOFMANN [Feld, Seite 254 ff.].)

22) Zur monolithischen Einheitlichkeit der empirisch-wissenschaftlichen Sicht. Man gerät sehr leicht in Versuchung in der empirisch-wissenschaftlichen Sicht, wie sie uns heute vorliegt, ein solches, streng einheitliches Gedankengebäude zu sehen. Man stellt sich manchmal vor, daß hier die einzelnen Wissenschaften aufeinander aufbauen und daß sie sich alle auf die Physik reduzieren lassen. Diese These des *Physikalismus* „bildete – während einer gewissen Phase – ein Kernstück der logisch-empiristischen Wissenschaftstheorie. Man hoffte beispielsweise, Soziologie auf Psychologie, diese weiter auf Physiologie und letztere über die Chemie schließlich auf Physik reduzieren zu können. Im Prinzip sollte das dadurch geleistet werden, daß man die jeweilige Wissenschaftssprache in der der zugrundeliegenden, ‚reduzierenden' Wissenschaft interpretierte, um so alle Gesetze der einen Wissenschaft als solche der zugrundeliegenden Wissenschaft zu erweisen. Ich möchte diese Einheitslehre deshalb die These von der *nomologischen Einheit* der Wissenschaft nennen; sie ist seit langem praktisch aufgegeben. Faktisch hat man bis heute nicht einmal eine Reduktion der Chemie auf die Physik erreichen können." schreibt DIEDERICH [Rekonstruktionen, Seite 47]. Die Krakelee-Struktur mit ihrer Rissigkeit macht sogar nicht einmal vor den *Einzel*wissenschaften halt. Beispielsweise sind die allgemeine Relativitätstheorie und die Quantentheorie nicht miteinander in Einklang zu bringen; wie eine modifizierte Hypertheorie aussehen könnte, ist heute noch weitgehend ungewiß.

23) Perzeption der Anschauungselemente. Wie beschrieben, werden im Sinn von Wissen durch eine spezielle Methodik spezielle Anschauungselemente aufgegriffen und zu einem speziellen Denkmuster – der empirisch-wissenschaftlichen Sicht – verarbeitet. In *dieser* Sicht erkennt man den Menschen als ein materielles Wesen, welches durch Sinneszellen und Sinnesorgane Reize aufnimmt und diese im Bewußtsein schließlich als ‚Anschauungselemente' erfährt. Konzentrationsgradienten gewisser Ionen, Aktionspotentiale und neuronale Netzwerke spielen dabei eine Rolle.

„Die populäre und heute vorherrschende Sicht des Nervensystems betrachtet es als ein Instrument, vermittels dessen der Organismus Informationen aus der Umwelt aufnimmt, Informationen, die er benutzt, um eine *Abbildung* (Repräsentation) der Welt aufzubauen, die ihm das Errechnen eines zum Überleben angemessenen Verhaltens erlaubt. Diese Sicht geht davon aus, daß das Milieu dem Nervensystem seine eigenen Merkmale eingibt und das Nervensystem sie benutzt, um Verhalten zu erzeugen" [Erkenntnis, Seite 145], schreiben MATURANA und VARELA - zwei führende Neurobiologen. „In die Falle der Annahme zu gehen, daß das Nervensystem mit *Repräsentationen* der Welt arbeitet, bedeutet, daß wir uns der Möglichkeit berauben, zu begreifen, wie das Nervensystem in seiner Arbeitsweise als determiniertes System mit operationaler Geschlossenheit von Augenblick zu Augenblick funktioniert" [Erkenntnis, Seite 146]. „Das Nervensystem ‚empfängt' keine ‚Information', wie man häufig sagt. Es bringt vielmehr eine Welt hervor, indem es bestimmt, welche Konfigurationen des Milieus Perturbationen darstellen und welche Veränderungen diese im Organismus auslösen. Die populäre Metapher vom Gehirn als Computer ist nicht nur mißverständlich, sondern schlichtweg falsch" [Erkenntnis, Seite 185]. Man kann „das Phänomen des Erkennens nicht so auffassen ..., als gäbe es ‚Tatsachen' und Objekte *da draußen*, die man nur aufzugreifen und in den Kopf hineinzutun habe" [Erkenntnis, Seite 81]. „...Das Phänomen, das wir Wahrnehmung nennen," kann *nicht* als ein Prozeß „aufgefaßt werden, durch den Eigenschaften der Umwelt erfaßt und in das Operieren des Nervensystems eingespeist werden. Eine Wahrnehmung ...ist ein Prozeß kompensatorischer Veränderungen, den das Nervensystem in Verbindung mit einer Interaktion durchläuft. Entsprechend ist ein Wahrnehmungsraum eine Klasse kompensatorischer Prozesse des Organismus. Wahrnehmung und Wahrnehmungsräume spiegeln folglich keine Merkmale der Umwelt, sie spiegeln vielmehr die *anatomische und funktionale Organisation des Nervensystems in seinen Interaktionen*", schreibt MATURANA [Wirklichkeit, Seite 86].

Diese Argumentation bezieht sich auf das Denkmuster der empirisch-wissenschaftlichen Sicht. Anschauungselemente werden *hier*, so gut es eben geht, in Begriffe von Raum, Zeit und Materie gekleidet, um von ihnen sprechen zu können. *Andere* Denkmuster aber können sicher auf andere Vorstellungen führen, oder es kann auch die detaillierte Frage nach der Perzeption der Anschauungselemente überhaupt belanglos sein: Anschauungselemente anzuschauen und nicht darüber zu reden, genügt im Prinzip nämlich auch.

24) Paranormale Phänomene. Seit Jahrhunderten wird aus verschiedensten Kulturkreisen immer wieder über paranormale Phänomene berichtet. Die auftretenden unerklärlichen Erscheinungen lassen sich in vier Bereiche gruppieren:
Telepathie (Übertragung von Bewußtseinsinhalten, wie Gefühle, Empfindungen, Bilder und Gedanken),
Hellsehen (Außersinnliche Wahrnehmung von Tatsachen, die zunächst niemandem bekannt sind.),
Präkognition (Vorauswissen um zukünftige Vorgänge),
psychokinetische Phänomene („Direktes" Einwirken der Psyche etwa durch Wollen oder Wünschen auf äußere Objekte und physikalische Vorgänge).
Von besonderem Interesse sind dabei natürlich solche Phänomene, die sich unter strengen Laborbedingungen zeigen und wiederholen lassen. Es existiert*) ein umfangreiches, genau dokumentiertes und kritisch analysiertes Forschungsmaterial, welches sich mit solchen paranormalen Phänomenen auseinandersetzt. Es versteht sich von selbst, daß mit besonderer Sorgfalt all jene Fälle auszuscheiden sind, die auch nur im entferntesten als Täuschung eingestuft werden könnten. Insbesondere zeichnen sich die neueren Untersuchungen dadurch aus, daß in interdisziplinärer Zusammenarbeit Versuchseinrichtungen entworfen werden, die auf der einen Seite das paranormale Phänomen möglichst

---

*) Journal of the Society for Psychical Research, London; Journal of the American Society for Psychical Research, New York; Zeitschrift für Parapsychologie und Grenzgebiete der Psychologie, Freiburg i. Br.; Spektrum der Parapsychologie, Freiburg, Aurum Verlag; BENDER [Parapsychologie]; BAUER, LUCADOU [Parapsychologie].

zweifelsfrei erfassen können und die aber auf der anderen Seite den empfindlichen psychischen Vorgang, der bei den paranormalen Phänomenen stets im Spiel ist, möglichst wenig stören.

Das Erstaunliche an einem paranormalen Phänomen ist die unerklärliche Überwindung von räumlichen, zeitlichen und materiellen Schranken. Es ist dabei unbegreiflich, wie ein Subjekt auf andere Subjekte oder Objekte wirken kann, es ist unbegreiflich, auf welche Weise ein Subjekt scheinbar außerhalb empirisch-wissenschaftlicher Zusammenhänge agieren kann.

Es erscheint die Frage überlegenswert, ob die Abbildung 10 nicht einen Zugang zum Verständnis paranormaler Phänomene vermitteln könnte: Im empirisch-wissenschaftlichen Denkmuster erkennt sich der Mensch als materielles Wesen in Raum und Zeit eingebettet. Er steht als Subjekt den Objekten in empirisch-wissenschaftlichen Zusammenhängen gegenüber. Subjekt und Objekt erscheinen streng voneinander getrennt, räumliche, zeitliche und materielle Schranken sind sichtbar. Es ist bemerkenswert, daß wir dagegen das Selbst und das Andere im Sinn von Wissen *nicht* auseinanderhalten können, daß das Selbst und das Andere miteinander verfließen. Das Selbst – als der Anschauer der Anschauung – und das Andere liegen jenseits empirisch-wissenschaftlicher Zusammenhänge. Ist das Erstaunliche an paranormalen Phänomenen dann bloß auf die Einseitigkeit unseres herkömmlichen Standpunktes zurückzuführen? Daß wir unser „Selbst“ nur als „Ich“ sehen können, wie es Objekten *gegenübersteht*?

25) Freiheit. Der Begriff der Freiheit steht für JASPERS ganz im Zentrum seines Denkens. Ein Fallen ins Sosein, hebt das auf, was den Menschen ausmacht. (JASPERS [Philosophie], [Glaube], [Vernunft])

26) JASPERS [Einführung, Seite 78]

27) JASPERS [Weltorientierung, Seite 121]

28) Meditation. Eine besonders eindrucksvolle Darstellung des indischen Philosophierens findet man bei DEUSSEN [Philosophie]. Einen Kulminationspunkt der reinen Lehre bildet YÂJÑAVALKYA, der im genannten Werk in vielen, tiefen Versen zitiert wird. LIN YUTANGs Buch [Laotse] vermittelt die alte, mystische Weisheit der Lehre vom Tao in einer Gegenüberstellung der Texte von LAOTSE und TSCHUANGTSE. SUZUKI [Weg] wiederum spannt einen Bogen, der von den östlichen Mystikern bis zur Mystik des Abendlandes – zu MEISTER ECKEHART – reicht. Trotz der Verschiedenheit östlichen und westlichen Denkens und trotz der Verschiedenheit der Bilder, die uns bei diesen Mystikern begegnen, stehen wir vor einer überraschenden Einheitlichkeit ihres Sehens (WEISS [Denken]). Ich möchte im nachfolgenden Text ECKEHARTs Worte zitieren, weil ich glaube, daß sie unserer Auffassung etwas näher stehen, wenngleich die christliche Symbolik die Leiblichkeit und das persönliche Ich des Menschen im Gegensatz zum östlichen Denken zu stark betont.

29) Mit ganz besonderer Sorgfalt sind die Predigten und Traktate von J.QUINT übersetzt und in einer leicht zugänglichen Neuauflage herausgegeben worden.

Aus dem von QUINT herausgegebenen Werk ECKEHART [Predigten] wird zitiert.

30) ECKEHART [Predigten, Seite 303 – 309]

31) ECKEHART [Predigten, Seite 269]

32) ECKEHART [Predigten, Seite 352 – 355]

Schrifttum

Das Thema dieses Büchleins steht in enger Verbindung mit den Werken einiger ganz großer Denker unserer Zeit, wie CARNAP, HEMPEL, KUHN, POPPER und STEGMÜLLER. Ihre Gedanken waren – auch wenn ich hier zum Teil eine andere Auffassung vertrete – für mich von unschätzbarem Wert. Das Schrifttumsverzeichnis enthält darüberhinaus Werke, die für den vorliegenden Text als wertvolle Quelle dienten. Genauere Zitate der einzelnen Textstellen sind in meiner Publikation [Gegenwurf] angegeben.

ALTNER G. [Wirklichkeitserfahrung]
Defizite wissenschaftlicher Wirklichkeitserfahrung aus ökologischer und ökopolitischer Perspektive.
In: Schatz [Wissenschaft, Seite 221].

ALTNER G. [Fortschrittsprozeß]
Wehrlosigkeit und Auftrag der Intellektuellen im wissenschaftlichen Fortschrittsprozeß.
In: Schatz [Utopia, Seite 297].

ALTNER G. [Überlebenskrise]
Die Überlebenskrise in der Gegenwart.

Ansätze zum Dialog mit der Natur in Naturwissenschaft und Theologie.
Wiss. Buchgesellschaft, Darmstadt, 1988.

ALTNER G. (Hrsg.) [Theologie]
Ökologische Theologie.
Perspektiven zur Orientierung.
Kreuz Verlag, 1989.

BALZER W. [Theorien]
Empirische Modelle: Modelle-Strukturen-Beispiele.
Vieweg Verlag, Braunschweig Wiesbaden, 1982.

BAUER E., LUCADOU W.v. [Parapsychologie]
Psi - Was verbirgt sich dahinter?
Wissenschaftler untersuchen parapsychologische Erscheinungen
Herder Verlag, Freiburg i. Br., 1984.

BENDER H. (Hrsg.) [Parapsychologie]
Parapsychologie - Entwicklung Ergebnisse Probleme.
Wiss. Buchgesellschaft, Darmstadt, 1980.

CARNAP R. [Begriffsbildung]
Physikalische Begriffsbildung.
Wiss. Buchgesellschaft, Darmstadt, 1966.

CARNAP R. [Naturwissenschaft]
Einführung in die Philosophie der Naturwissenschaft.
Nymphenburger Verlagsbuchhandlung, München, 1969.

CHALMERS A.F. [Wege] Wege der Wissenschaft.
Springer-Verlag, Berlin-Heidelberg-New York,1986.

CHARGAFF E. [Alternativen]
Abscheu vor der Weltgeschichte. Fragmente vom Menschen.
Klett-Cotta, Stuttgart, 1988.

CHARGAFF E. [Geheimnis]
Unbegreifliches Geheimnis.
Wissenschaft als Kampf für und gegen die Natur.
Klett-Cotta, Stuttgart, 1981.

CHARGAFF E. [Warnungstafeln]
Warnungstafeln.
Die Vergangenheit spricht zur Gegenwart.
Klett-Cotta, Stuttgart, 1982.

DAHL J. [Illusion]
Die letzte Illusion.
Die Zeit, Nr. 48, 23. Nov. 1990, S. 57.

DAHL J. [Verwegenheit]
Die Verwegenheit der Ahnungslosen.
Klett-Cotta, Stuttgart, 1989.

DAHL J. [Verwüstung]
Der unbegreifliche Garten und seine Verwüstung.
dtv / Klett-Cotta, München, 1984.

DEUSSEN P. [Philosophie]
Allgemeine Geschichte der Philosophie.
Brockhaus, Leipzig, 1922.

DIEDERICH W. [Rekonstruktionen]
Strukturalistische Rekonstruktionen.
Vieweg Verlag, Braunschweig Wiesbaden, 1981.

ECKEHART [Predigten]

Deutsche Predigten und Traktate.
Herausgegeben und übersetzt von J.QUINT
Diogenes, 1979.

EINSTEIN A. [Evolution]
Einstein A., Infeld L.: Die Evolution der Physik.
Rowohlts Deutsche Enzyklopädie,
Hamburg,1970.

FASCHING G. [Gegenwurf]
Die empirisch-wissenschaftliche Sicht.
Springer-Verlag, Wien New York, 1989.

FEYERABEND P. [Erkenntnis]
Erkenntnis für freie Menschen.
Suhrkamp Verlag, Frankfurt a. M., 2.Auflage, 1981.

FEYERABEND P. [Methodenzwang, Mzw.]
Wider den Methodenzwang.
Suhrkamp Verlag, Frankfurt a. M., 1983.

FISCHER M.W. [Erkenntnishoffnungen]
Lachende Wiesen, schweigende Wälder.
Über die Rolle der „Naturmystik“ im Verfallsprozeß
unserer Erkenntnishoffnungen.
(Vortragsmanuskript) Universität Salzburg.
Franziskanergasse 2, A-5020 Salzburg.

FLECK L. [Tatsache]
Entstehung und Entwicklung einer wissenschaftlichen Tatsache.
Benno Schwabe Verlagsbuchhandlung, Basel, 1935.

GLASERSFELD E. von [Wirklichkeit]
Wissen, Sprache und Wirklichkeit.
Arbeiten zum radikalen Konstruktivismus.

Vieweg Verlag, Braunschweig Wiesbaden, 1987.

GOETHE [Naturwissenschaft II]
Zur Naturwissenschaft II.
Goethes Werke Band 30.
Bibliographisches Institut, Leipzig und Wien.

HEISENBERG W. [Grenzen]
Schritte über Grenzen.
München 1971.

HEISENBERG W. [Teil]
Der Teil und das Ganze.
München 1969.

HEITLER W. [Erkenntnis]
Der Mensch und die naturwissenschaftliche Erkenntnis.
Vieweg Verlag, Braunschweig, 1962.

HEMPEL C.G. [Erklärung]
Aspekte wissenschaftlicher Erklärung.
Walter de Gruyter, Berlin New York, 1977.

HESSE H. [Glasperlenspiel]
Das Glasperlenspiel.
Suhrkamp (ST 79), 1975.

HOFMANN H. [Feld]
Das elektromagnetische Feld.
Theorie und grundlegende Anwendungen.
Springer-Verlag, Wien New York, 1974.

HOYNINGEN-HUENE P. [Kuhn]
Die Wissenschaftsphilosophie T. S. Kuhns.
Rekonstruktion und Grundlagenprobleme.
Vieweg Verlag, Braunschweig Wiesbaden, 1989.

HOMMES U. [Erfahrungsverlust]
Entmündigung durch Wissenschaft?
Zum Problem des Erfahrungsverlustes in der gegenwärtigen Welt.
In: Schatz [Wissenschaft, S. 133 ff.].

HÜBNER K. [Kritik]
Kritik der wissenschaftlichen Vernunft.
Verlag Karl Alber, Freiburg München, 1978.

ILLIES J. [Wissenschaft]
Brauchen wir eine andere Wissenschaft?
In: Schatz [Wissenschaft, S.265].

JASPERS K. [Einführung]
Einführung in die Philosophie.
R.Piper Verlag, München, 1957.

JASPERS K. [Glaube]
Der philosophische Glaube.
R.Piper Verlag, München,1948.

JASPERS K. [Philosophie]
Philosophie. 3 Bände.
Springer-Verlag, Berlin Göttingen Heidelberg, 1956.

JASPERS K. [Vernunft]
Vernunft und Existenz.
R.Piper Verlag, München, 1960.

JASPERS K. [Weltorientierung]
Philosophische Weltorientierung.
(Philosophie, Band 1)
Springer-Verlag, Berlin Göttingen Heidelberg, 1956.

JONAS H. [Forschung]
Freiheit der Forschung und öffentliches Wohl.

In: Schatz [Wissenschaft, S.101].

JONAS H. [Verantwortung]
Das Prinzip Verantwortung.
Versuch einer Ethik für die technologische Zivilisation.
Suhrkamp Taschenbuch Verlag, 1984.

KAMPITS P. [Wertfreiheit]
Gibt es eine wissenschaftsimmanente Ethik?
Zur Frage der sogenannten „Wertfreiheit der Wissenschaft“.
In: Schatz [Wissenschaft, S.145].

KNEISSLER L. [Theorie]
Die Theorie in der Elektrotechnik.
E.u.M. (89) 1972, H. 9, S. 359 - 362.

KUHN T.S. [Kopernikus]
Die kopernikanische Revolution.
Vieweg Verlag, Braunschweig Wiesbaden, 1981.

KUHN T.S. [Struktur]
Die Struktur wissenschaftlicher Revolutionen.
Suhrkamp Verlag, Frankfurt a.M., 1967.

LIN YUTANG [Laotse]
Die Weisheit des Laotse.
Fischer, Frankfurt a.M., 1989.

LUTZENBERGER J. [Anfragen]
Anfragen an Europa.
Vortrag im Rahmen des Deutschen Evangelischen Kirchentages in Berlin. 1989.

MATURANA H.R. [Wirklichkeit]
Erkennen: Die Organisation und Verkörperung

von Wirklichkeit.
Vieweg Verlag, Braunschweig Wiesbaden, 1985.

MATURANA H.R., VARELA F.J. [Erkenntnis]
Der Baum der Erkenntnis.
Die biologischen Wurzeln des menschlichen Erkennens.
Scherz Verlag, Bern München Wien, 1987.

McCULLOCH W.S. [Mind]
Embodiments of Mind.
M.I.T. Press, Cambridge (Mass.) 1965, Seite 154.

MÜLLER A.M.K. [Grundlagenkrise]
Die Grundlagenkrise der Wissenschaft als Herausforderung für neue Formen der Wahrnehmung.
In: Schatz [Wissenschaft, S.233].

PIETSCHMANN H. [Zeitalter]
Das Ende des naturwissenschaftlichen Zeitalters.
Paul Zsolnay Verlag, Wien Hamburg, 1980.

PLANCK M. [Abhandlungen]
Physikalische Abhandlungen und Vorträge (Band III).
Braunschweig, 1958.

POINCARÉ H. [Wissenschaft]
Der Wert der Wissenschaft.
B.G.Teubner, Leipzig, 1906.

POPPER K. [Logik]
Logik der Forschung.
J.C.B. Mohr (Paul Siebeck), Tübingen, 8. Auflage, 1984.

RADNITZKY G. ANDERSSON G. [Voraussetzungen]

Voraussetzungen und Grenzen der Wissenschaft.
J.C.B.Mohr (Paul Siebeck), Tübingen 1981.

REVERS W.J. [Psychologie]
Horizonte humanistischer Alternativen in der Psychologie.
In: Schatz [Wissenschaft, S.207].

REVERS W.J. [Realitätsbewußtsein]
Die szientistische Einäugigkeit des modernen Realitätsbewußtseins.
In: Schatz [Überlebenskrise, S.198 ff.].

RIEDL R. [Spaltung]
Die Spaltung des Weltbildes.
Biologische Grundlagen des Erklärens und Verstehens.
Paul Parey Verlag, Hamburg.

RIEDL R. [Erkenntnis]
Biologie der Erkenntnis.
Die stammesgeschichtlichen Grundlagen der Vernunft.
Paul Parey Verlag, Hamburg.

RIEDL R. [Begriff]
Begriff und Welt.
Biologische Grundlagen des Erkennens und Begreifens.
Paul Parey Verlag, Hamburg.

ROSENHAN D.L. [Umgebung]
On being sane in insane places.
Science 179, 19.1.1973, S.250 - 258.
sowie: Gesund in kranker Umgebung.
In: Watzlawik [Erfundene Wirklichkeit,

S. 111 – 137].

SCHATZ O. [Überlebenskrise]
Hoffnung in der Überlebenskrise? Salzburger Humanismusgespräche.
Verlag Styria, Graz Wien Köln, 1979.

SCHATZ O. [Utopia]
Abschied von Utopia.
Anspruch und Auftrag der Intellektuellen.
Verlag Styria, Graz Wien Köln, 1977.

SCHATZ O. [Wissenschaft]
Brauchen wir eine andere Wissenschaft?
Salzburger Humanismusgespräche.
Verlag Styria, Graz Wien Köln, 1977.

SCHILPP P.A. [Einstein]
Albert Einstein.
Stuttgart, 1951.
Zitiert in: Hübner [Kritik].

SCHRÖDINGER E. [Energy]
Might Perhaps Energy be Merely a Statistical Concept?
Il Nuovo Cimento 9, S. 162–170.

SCHULZE G.E.R. [Einfachheitsprinzip]
Zur Rolle des Einfachheitsprinzips im physikalischen Weltbild.
Sitzungsberichte der Sächsischen Akademie der Wissenschaften zu Leipzig.
Math.-naturw. Klasse, Band 110, Heft 6.
VEB Akademie-Verlag, Berlin,1974.

SEXL R.U. [Relativitätstheorie]

Relativitätstheorie als didaktische Herausforderung. Naturwissenschaften 67 (1980), S. 209–215.

SNEED J.D. [Structure]
The Logical Structure of Mathematical Physics. Dortrecht 1979

STEGMÜLLER W. [Analyse]
Eine kombinierte Analyse der Theoriendynamik. In: Radnitzky Andersson [Voraussetzungen, S. 277–317].

STEGMÜLLER W. [Begriffsbildung]
Probleme und Resultate der Wissenschaftstheorie und Analytischen Philosophie.
Band II: Theorie und Erfahrung (Erster Halbband).
Erfahrung, Festsetzung, Hypothese und Einfachheit in der wissenschaftlichen Begriffs- und Theoriebildung.
(Studienausgabe Teil A, B und C)
Springer-Verlag, Berlin Heidelberg New York, 1970.

STEGMÜLLER W. [Erklärung]
Probleme und Resultate der Wissenschaftstheorie und Analytischen Philosophie.
Band I: Erklärung – Begründung – Kausalität.
Springer-Verlag, Berlin Heidelberg New York, 1983.

STEGMÜLLER W. [Strukturalismus]
Probleme und Resultate der Wissenschaftstheorie und Analytischen Philosophie.
Band II: Theorie und Erfahrung.
Dritter Teilband: Die Entwicklung des neuen Strukturalismus seit 1973.
Springer-Verlag, Berlin Heidelberg New York, 1986.

STEGMÜLLER W. [Theoriendynamik]
Probleme und Resultate der Wissenschaftstheorie und Analytischen Philosophie.
Band II: Theorie und Erfahrung.
Zweiter Halbband: Theorienstruktur und Theoriendynamik.
Springer-Verlag, Berlin Heidelberg New York, 1973.

SUZUKI D.T. [Weg]
Der westliche und der östliche Weg.
Essays über christliche und buddhistische Mystik.
Ullstein Verlag, Frankfurt a.M.,1988.

TENBRUCK F. [Wissenschaft]
Anatomie der Wissenschaft.
Zur Frage einer anderen Wissenschaft.
In: Schatz [Wissenschaft, S. 89].

WATZLAWICK P. [Erfundene Wirklichkeit]
Die erfundene Wirklichkeit.
Beiträge zum Konstruktivismus.
R.Piper Verlag, München Zürich, 1981.

WEISS W. [Denken]
Östliches und westliches Denken.
hpt-Verlagsgesellschaft, Wien, 1990.

WEIZENBAUM J. [Wissenschaft]
Angst vor der heutigen Wissenschaft.
In: Schatz [Wissenschaft, S. 35].

WERTNER I.
Bilder.
Eigenverlag, Ma. Enzersdorf, 1990.

ZIMAN J. [Erkennnis]
Wie zuverlässig ist wissenschaftliche Erkenntnis?
Vieweg-Verlag, Braunschweig Wiesbaden, 1982.

GPSR Compliance

The European Union's (EU) General Product Safety Regulation (GPSR) is a set of rules that requires consumer products to be safe and our obligations to ensure this.

If you have any concerns about our products, you can contact us on ProductSafety@springernature.com

In case Publisher is established outside the EU, the EU authorized representative is:

Springer Nature Customer Service Center GmbH
Europaplatz 3
69115 Heidelberg, Germany

Batch number: 10577917

Printed by Printforce, the Netherlands